塑造宇宙生命的秩序

物質科學解密

星際分子 × 低熵系統

原子結構 × 生物遺傳

孫亞飛 著

人類想知道的所有關於「萬物本質」的疑問，
物質科學來一一解釋！

人們對自然世界和宇宙萬物探究了數百年，
當古希臘的哲學家們第一次提出「萬物本質」的疑問時，
人類就開啟了一個新世界的大門！

從星際分子的碰撞到原子間的相互作用力，
有機物、遺傳訊息、食物鏈流動、正負電荷……
跟你息息相關、一定要知道的「物質科學」！

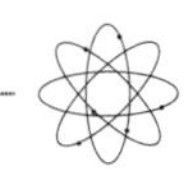

目錄

目錄

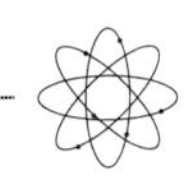

7 活著的奇蹟

—— 賦予生命的物質

8 衝突與重生

—— 物質世界會終結嗎

9 物質是什麼

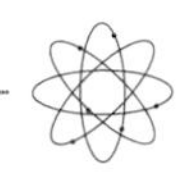

前言　給青少年的物質科學

小時候，我生活在鄉下。那時的鄉下沒有瓦斯爐，也捨不得用太多電，做飯最常用的就是爐灶，燒柴火把鐵鍋加熱。爐灶操作起來非常麻煩，光是生火就能生出各種意外。所以，家裡大人做飯需要我幫忙搧風。

曾記得，坐在灶邊望著爐火，我搧著風，火苗就會猛烈四竄，一不小心還會衝出灶膛，燒到瀏海。每當這時，我都會感覺臉上一熱，但是習慣之後，倒也不覺得有什麼危險，只是有些好奇。

我好奇的是，吹蠟燭的時候，一點風就能把燭火吹滅，可是搧風越大，為什麼火焰卻會越吹越大？

外婆跟我說，這是因為廚房裡供奉著灶王爺——他是一位管灶火的神仙。有了灶王爺的保佑，爐灶裡的三昧真火才會旺盛，而且還不會因此失火。

後來，看到《西遊記》中孫悟空借來假芭蕉扇揮舞時，火焰山上的火越燒越大，我對三昧真火的這個說法深信不疑。可是，看到《三國演義》裡赤壁之戰東風助陣的場面，我又有些半信半疑了。

前言　給青少年的物質科學

多年以後，我讀到了拉瓦錫反駁「燃素」論的故事，對於這個問題的好奇總算告一段落。燃燒是一種氧化現象，通常需要氧氣的參與，因此，當煽風送風給爐灶時，加大了空氣壓力，更多的氧氣被一同送入了灶膛。於是，有了氧氣的加持，火焰也會更旺盛。不過，風在刮來新鮮氧氣的同時，卻也帶走了熱量，若是火焰的溫度因此而降低到燃點以下，火就可能會被吹滅。因此也就很容易理解，為什麼風能吹滅小火，卻會揚起大火。

對於童年時期的疑惑，用這樣物理的概念去解釋，或許有些許的無趣，不像「三昧真火」那麼引人入勝，但它卻是好奇的最佳夥伴。它不會讓童心泯滅，只會帶著這種「不安分」走向新的空間。

所以，青少年知道多一點物理科學，應該是件好事。

本書是我首次系統性地創作「物理科學」的作品。任何一門自然科學都是研究物質的科學，只是研究的角度不同：物理學研究物質之間的作用力與能量；化學研究物質的組成、結構、反應與功能；生物學研究的是物質如何能夠「活」起來；天文學研究物質誕生的「老家」……很多時候，關於物質的種種，並不只是單純的科學問題，更是人類反覆思索的哲學問題。

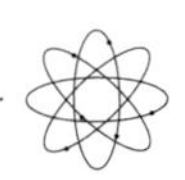

將這些問題完整地解答出來，是從古至今所有人的共同使命。

在物質世界形成的時空中，翻開這本由物質構成的小書，如果能夠因此引發我們對物質的思考，那麼物質世界也一定會因為我們的思考而改變。

1 物質是什麼

1 物質是什麼

在整個宇宙之中，我們可以看到的物質，大約只占所有物質的 5%，剩下的那部分，大約 27%是由暗物質構成，還有 68%則是更讓人摸不著頭緒的暗能量。

早在 1933 年的時候，一位名叫弗里茨·茨維基（Fritz Zwicky，西元 1898 年～ 1974 年）的天文學家在研究星系團內星系運動的過程中取得一系列的研究成果，預測了暗物質存在的可能性。當時，他用望遠鏡觀察遙遠的星系，卻發現他所看到的星系，比透過計算得出的星系質量小得多。於是他就推斷，在宇宙中一定還有很多我們看不見的物質，但我們可以感受到它們。就好像夏夜躲在地下鳴叫的螻蛄那樣，只有開啟手電筒，挖出土坑，我們才有可能找到它們的蹤跡。既然是躲在宇宙中暗處又不發光的物質，那就叫它們暗物質好了。

幾十年過去了，人們一直在尋找這些躲在暗處的「螻蛄」。

在技術水準不斷提升的背景下，這似乎不是什麼難題。如果要在黑夜中尋找什麼，如今的我們並不總是需要等到白天來臨，也不必開燈，用紅外線夜視儀一樣可以奏效。這是因為，能被人眼看到的光，只是被稱為「可見光」的那部分，只有當物品發射或反射出可見光時，人眼才能看到它們。當黑夜來臨之時，由於這些物體只能發出很微弱的可見光，我們自然也就很難再看到它們。可是，即便是在暗處的物品，仍然可以發射出紅外光，人的肉眼雖然看不見，可是戴上一雙可以看到紅外光的「眼睛」，就能看清黑暗中的世界了。我們探索未知世界需要動用很多技術，紅外線只不過是一個縮影。我們想要找到的目標，哪怕就是像螻蛄那樣躲在地下，我們現在也有很多辦法找到它們的蹤跡。實際上，在自然科學中，常常把紫外線、可見光和紅外線，統稱為光輻射，它們都屬於光波。

伽利略

正因為如此，人們一開始並沒有把弗里茨預言的暗物質當回事，只是猜測，這些看不見的物質，大概就是一些光線黯淡的星球罷了，我們的肉眼看不到，是因為它們實在太遙遠，說不定換個合適的儀器就能看到了。更何況，這樣的故事早就已經發生過 —— 人類在地球上原本看不到木星的那些衛星，可是伽利略用一臺非常樸素的望遠鏡，就發現了其中的四顆，除了木衛二，其他三顆甚至比月球還要大。所以，關於暗物質的一個合理假設，是宇宙中必然有很多沒有被我們發現的天體和星系等，它們發出的可見光太弱，而地球距離它們又實在太遠，只有靠一些間接的辦法才能找到它們。

後來，在儀器的幫助下，科學家們藉助紅外線及其他各種技術，果然找到了一些黑暗中的星球，驗證了這個想法。事實上，只要是人類可以想到的辦法，全都用上了，這才有了一些新的發現。但是，就算加上這些星球，還是有很多物質，我們依然把它們視為「暗物質」——可以感受到它們的存在，卻沒有任何辦法觀測。

會不會還有其他一些可能呢？隨著研究的深入，科學家們否定了一個又一個假說，至於暗物質究竟是什麼，到現在還是不知道。唯一達成共識的是，科學家認為，這些暗物質雖然包括不發光的天體，星系暈物質等重子暗物質，但我們一般意義上更關注的是那些僅參與引力作用、弱相互作用而不參與電磁作用的非重子中性粒子等。無論如何，我們相信，終有一天我們可以認識它，並由此拓展我們的視野。

如今，當我們問起「物質是什麼」的時候，也只能就已知這 5%的宇宙做出回答，就是那些具有客觀實在性的物質。對於那些未知的暗物質，還有更神祕的暗能量，我們不敢妄言。

而在這些可以被觀測的宇宙中，我們將一切都視為物質 —— 除了我們對物質的理解本身，這種理解被稱為「意識」。物質和意識之間的關係，是一個古老的哲學問題，它就像一個繞不過去的海角，當我們對這個世界有所思考的時候，總不免要在這處海角 —— 被稱為唯物主義哲學基石的物質概念 —— 逗留，有時候還要寫個「在此一遊」，廣而告之。圍繞著物質與意識，人們分為多個門派爭論不休，怎樣看待它，也就決定了「物質是什麼」的答案。

意識就好比是已知物質世界的邊緣。如果我們把意識看成一個氣球，那麼這個氣球就將物質世界分為兩個部分，氣球以外的那部分，我們不知道是什麼，潛意識裡感覺存在的那部分就稱它們是暗物質，而在氣球內的這部分，潛意識感受到的是這 5%已知的宇宙世界。只不過，每個人的意識各不相同，氣球的大小也不盡相同，看待物質的角度也就有了巨大的差異。意識對物質的關心問題也是哲學的基本問題。

不經意間，對於物質的觀點甚至會左右我們對宇宙的探索。

當美國科學家班傑明．富蘭克林（Benjamin Franklin，西元 1706 年～ 1790 年）在那個雷雨天放出風箏時，他把難以捉摸的閃電當成了物質。

1 物質是什麼

當德國物理學家威廉·康拉德·倫琴（Wilhelm Conrad Rontgen，西元 1845 年～ 1923 年）給太太拍攝手掌骨骼的照片時，他把神祕未知的 X 射線（倫琴射線，俗稱 X 光）當成了物質。

當英國物理學家彼得·希格斯（Peter Higgs，1929 年～）建立起希格斯場的假說時，他把未被觀察到的希格斯玻色子當成了物質。

……

類似這樣的故事或許永遠都不會結束。只要我們合理而勇敢地去放大意識，似乎總有機會去找到一點新的物質。就像當我們把氣球越吹越大時，那就意味著，氣球外的空間又小了一點點。無論這點變化多麼微不足道，它都意味著我們還在繼續前行。

所以，物質就是不依賴我們的意識又能夠被我們所理解的一切真實存在的事物，除了我們的「理解」本身。物質的集合一直在變化，哪怕我們不能就「物質是什麼」的問題達成共識，也不必為此感到煩惱，這就是物質世界本來的模樣。

至於我們熟悉的這個物質世界，要從 138 億年前說起。那時，所有的物質，也包括所有的能量，全都集中在一個「點」上，這個點被稱為奇異點。

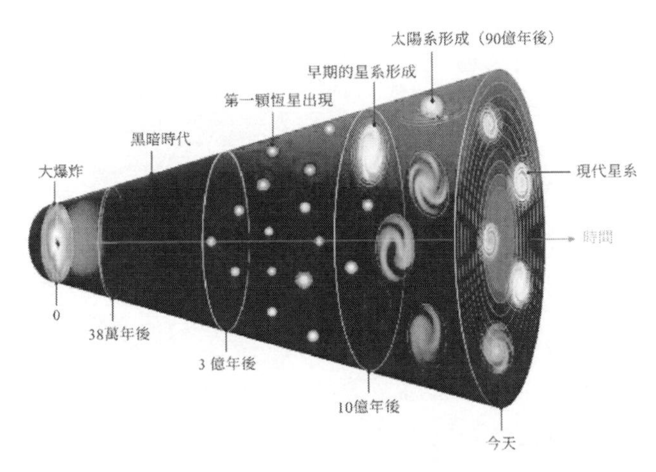

宇宙演化示意圖

突然，奇異點發生了爆炸，也就是著名的「宇宙大爆炸」。很快，物質以粒子的形式噴射出來，宇宙開始膨脹。此時，宇宙的溫度高得離奇，電子、夸克還有膠子都是宇宙中穩定存在的粒子。它們都小得出奇，然而希格斯玻色子為它們賦予了質量。

膨脹的宇宙快速降溫，夸克和膠子也開始相互碰撞，膠子在夸克之間傳遞著強相互作用，就像膠水一樣把夸克黏接在一起，形成了更大的粒子。我們現在知道，夸克是組成強子的更基本的粒子，有 6 種夸克及對應的反夸克，其中有兩種分別被稱為上夸克（u）和下夸克（d）。它們都帶有電荷：上夸克帶有 2/3 個正電荷，下夸克則帶有 1/3 個負電荷。於是，兩個上夸克和一個下夸克結合成帶有一個正電荷的粒子，它被稱為質子；兩個下夸克和一個上夸克則結合成電荷為零的粒子，它被稱為中子。透過加速器實驗，科學家已全部觀測到這些夸克粒子的存在，但實驗上還沒能分離出單獨存在的具有像這樣分數電荷的夸克。

隨著宇宙溫度進一步降低，質子和中子也可以緊緊地結合在一起，如果它們再碰到帶有一個負電荷的電子，就能夠組成原子。原子是構成萬物的基石，我們這個有關物質的故事也將從這裡正式開啟。

2 世界萬物的基石

——原子的概念是怎樣被提出來的

被分割的物質

當人們對宇宙中的物質的了解發展到原子層面的時候，似乎一切故事都將變得簡單而清晰，畢竟原子的世界，是一個我們很容易觸碰到的物質世界。儘管我們早已明白，原子並非是最小的物質單位，但還是會將它看作構成這個世界的基礎，因為它是組成單質和化合物分子的最小微粒。

然而，想像出「原子」這種模型，對人類來說無異於一場巨大的思想變革。

地殼表面的一塊岩石，無論它有多結實，在水、生物與風力等因素的長期聯合作用下也會發生崩解 —— 這就是地質學所說的風化作用。這樣的風化作用，它可以是物理的、也可以是化學的或生物的作用。例如，大石頭逐漸風化成小石頭，而小石頭還可能會繼續裂開，再被苔蘚附著，伴隨著生物的作用，變成砂礫，最後實在太過微小，和黏土揉在一起，不分彼此。

這樣一種司空見慣的現象，會給人帶來自然而然的啟發：大塊頭的物質是由小個子物質組合而成，而小個子物質又是由更小的物質組成。

毫無意外，順著這個思路，我們會進一步展開聯想，向自然界發問：如果把石頭這樣的物質一直切割下去，是否存在最小的石頭單元？把這種最小的石頭單元堆砌起來，是否又可以重新變成石頭？

很難說這些問題的實際價值如何，它們看起來像是我們現代人吃飽喝足才會擁有的樂趣。至於使用石器的史前人類，在面對滿地形狀怪異的石頭時，他們是否也有過這樣的想法，如今早已不得而知。

但是，隨著人類文明逐漸建立，這些問題在生活中其實是難以迴避的。

比方說，河東和河西有兩個部落做買賣。河西邊的部落有黃金，不妨就叫黃金部落；河東邊的部落有貝殼，那就叫貝殼部落。黃金和貝殼這兩種物品，都曾經被作為貨幣使用，所以，這兩個部落都有了採購物品的資本。

有一天，黃金部落有個人帶了一錠黃金去河東做生意，而這錠金子可以買一頭大牛或者兩頭小牛犢。閒逛了半天以後，他在貝殼部落看中了一頭小牛犢，就想買下它。這牛犢只要半錠金子，於是黃金部落的這位買家就和牛主人商量，

把金錠切一半，剛好可以買下小牛犢。對牛主人來說，這個辦法似乎沒有理由拒絕，他就順理成章答應了。

過了幾天，貝殼部落的這位牛主人也去黃金部落趕集了，他帶了一枚稀有的貝殼，想去買個木犁回來耕地。巧得很，上次買牛犢的那個人是位木匠，剛好打了一把很不錯的木犁，被牛主人瞧上了。但是，一枚貝殼能買下兩把這樣的木犁，於是牛主人就思索，要不和上次一樣，把貝殼也一分為二，問題不就解決了？顯然，對於黃金部落的木匠來說，他不太可能會答應這個要求，因為常識告訴他，被分為兩半的貝殼不值錢。

到底是什麼決定了黃金和貝殼各自的價值？從這兩筆買賣中很容易看得出來，雖然黃金和貝殼都是貨幣，但是黃金的價值在於這種物質本身，和它的外形無關；而貝殼的價值卻展現在物品之上，和它的外形有關。換句話說，把一錠黃金一分為二，得到的是兩錠小一些的黃金；把貝殼一分為二，得到的卻是貝殼的碎片，而非兩個小一點的「黃金」。

生活中還有比這更複雜的情況。

我們稍加留心就會發現，不同規格的書，大小差異很大。一般來說，出版社會根據書的內容來確定選用什麼樣的規格。除了圖書，生活中我們還時常會見到報紙、便箋、作業本、日記本、海報等各式各樣、大小不一的紙。這說明，一張紙，依照需求裁剪之後，便可以發揮相應的價值。相應地，如果不依照需求裁剪，就會變成廢紙。

可見，紙張和黃金還有貝殼又不一樣。它既不像黃金那樣，無論怎麼切割都能保留貨幣屬性，但也不像貝殼那樣，哪怕只是切成兩部分都會一文不值。

黃金部落的那個木匠，總是要和各種木頭打交道，而他在收集木頭的時候，也會面臨和紙張一樣的問題，大一點的木頭能做房梁，小一點的木頭可以打木犁或作為各種家具部件，可要是把木頭鋸得太細碎，最後就只能當柴火燒了。

貝殼部落的那個耕農，要是牛犢子不幸夭折，等他含淚賣牛肉的時候，還會碰到更蹊蹺的事情 —— 同一塊牛肉，分割成兩塊同樣大小的肉之後，要是一塊肥、一塊瘦，就算大小相同，實際價值也是不一樣的。

對於古人來說，因為貿易雙方需要評定商品的價值，必然會對不同商品在分割之後的特徵進行分析，哪些商品可以任意分割、哪些商品可以適當分割、哪些商品根本不能分割，這都不能大意。這些問題反映到一般意義的物質上，就不由得令人好奇：要是把一種物質無限分割下去，會發生什麼？

可見，先民對物質的探索，就不只是一件閒閒沒事才會去想的問題。從古至今，幾乎所有的哲學家都會表述自己對物質的看法。

古希臘先哲們在思考

大約距今 3,000 年的時候，位於現代希臘到土耳其一帶的那片地方紛紛建起了一些城邦，像雅典、斯巴達之類的地名，都起源於那個時代的城邦名。

古希臘的這些城邦，即便不是地中海的港口城市，到港口的距離也不會太遠。於是，他們發展出精湛的航海技術，在各個港口之間穿梭，並形成了發達的商貿文化。來自天南海北的各種商品，都在這裡交會，形成了一張龐大的網路，貿易複雜程度遠不是買牛犢和木犁這麼簡單。

正如前面所說，商品的分割成為迫在眉睫的論題，對它刨根問底，就是在尋找物質的本源，一大批思想家對此爭論不休。

最初，在一座叫米利都（Miletos）的古希臘城邦（今屬土耳其），湧現出大批哲學家。米利都的舊址位於現在的小亞細亞半島西岸，在陸地上只能算是偏僻的邊陲地區，但是從海上來看，卻是一座四通八達的交通樞紐。在西元前 8 世紀後，米利都成為古希臘工商業和文化中心之一，也是在東部最大的城市。當時，除了希臘各城邦外，無論波斯、新巴比倫還是埃及、敘利亞，貿易路線都離不開米利都。可以說，米利都占盡地利，也因此彙集了各地的思想。

古希臘城邦經商盛景

關於物質的本源，在如今留下的記載中，最早就來自米利都的泰勒斯（Thales，約西元前 624 年～約前 547 年），他甚至被稱為古希臘的第一位哲學家，被譽為「希臘七賢」之一。他的思想影響深遠，甚至由此誕生了以他為首的古希臘第一個哲學學派 —— 米利都學派。由於米利都所處的地區在當時被稱為伊奧尼亞（Ionia，也叫愛奧尼亞），所以他建立的這個學派的理論成為伊奧尼亞哲學的主要組成部分。

2 世界萬物的基石 —— 原子的概念是怎樣被提出來的

泰勒斯原本的興趣是在幾何學與天文學的研究上，提出過一些幾何定理，為此還學習了埃及和巴比倫的相關知識。他最為世人所稱道的，就是曾經成功預測了西元前 585 年 5 月 28 日這一天的日食。雖然這個典故至今還存有疑問，但他的確利用自己的所學，估算出了太陽的直徑，並解釋了日食的形成原因。對於航海貿易而言，海潮、風向都可能會讓一筆原本獲利頗豐的買賣瞬間打了水漂，因此，各種天文現象都很重要。可以想見，像泰勒斯這樣精通天文學的哲學家，在當時商人們的眼中就如同神明一般，人們必然也會將「物質本源」的答案寄託在他身上。

他說，物質的本源，就是水。萬物皆由水而生成，又復歸於水。

這個離奇的想法，實在有些讓人難以理解。對此，他解釋道，水本身是液體，可以結冰，也可以變成氣體，而自然界中所有的物質，無非就是固、液、氣三種狀態。可見，水是萬物之源，萬物都有水的特性，水的特性也在世界萬物中都展現了出來。他還說，連大地都來源於水，就像埃及氾濫的尼羅河會把淤泥沖積成潮間帶或三角洲一樣，我們生活的這個大地也漂浮在水上。

顯然，他並沒能解釋明白物質的本源，甚至迴避了實體的物質分割後是否還是原來物質的基本問題。

但是不管怎麼說，這是人類歷史上第一次有人清晰地闡述了萬物之根本，泰勒斯思考的精神會一直留下來。

在此之後，米利都學派的其他成員又進一步發展和修正了泰勒斯的觀點。有人提出了氣，有人提出了火，還有人提出了土。最後，出生於阿克拉加斯（今義大利阿格）的古希臘哲學家和詩人恩培多克勒（Empedocles，約西元前 495 年～約前 435 年）提出四元素說（即「四根說」）。他把萬物的本源稱作「根」，認為水、氣、火、土就是這個世界上的四種基本元素，它們是不變和永恆的，不能自己運動和相互轉化，但可以由這四種元素按不同比例組合和排列，構成不同性質的物質。換句話說，把世界萬物進行切割，最終就會得到不同比例的這四種元素。這些元素都是以我們看不到的微粒形式存在，它們之間透過作用力結合在了一起。

恩培多克勒創造性地提出了元素的假設，經過這樣的修正之後，物質本源的問題就有了一個還湊合的答案。如果萬物的本質都是水，那我們不太好解釋，為什麼單一的水可以形成這麼多種物質。但是，如果萬物的本質有兩個元素，解釋起來就容易多了。就像水和麵粉混在一起那樣，水多的時候是漿糊，水少的時候是麵餅，可以製造出許多種麵食來。現在，世界萬物的本質有四個元素，它們之間的比例可以是千變萬化，透過調和，構造出世間萬物，出現這樣的結果並不意外。

恩培多克勒的這個想法，某種意義上說還真是沒有說錯。在第 7 章裡，我們還會看到現代科學理論中，僅僅依靠四種基本的化學元素，就構造出各種神奇的生命分子，這正是恩培多克勒所設想的模式。

但是，直到這個時候，要想說明白物質被徹底分割後的本源究竟是什麼，依然還有待釐清。我們並不知道，恩培多克勒所說的水、氣、火、土，是否就等同於客觀存在的這些物質。在他自己的理論框架中，與其說四種元素是一個個真實存在的物質，還不如說是意識在物質世界中的反映，四種元素理論說成為一種象徵，就像中國的五行學說一樣。

五行的本意，代表的是金、木、水、火、土五大行星。用這些詞彙來對這五個行星命名，很難不讓人聯想到恩培多克勒的「四元素說」，因此，五行也被稱為中國古代思想家的「五元素」學說。他們把金、木、水、火、土五種物質作為構成萬物的元素，以說明世界萬物的起源和多樣性的統一。雖然它們是真實存在的物質，但它們代表的內涵，卻複雜得超乎想像，而且，五行之間還有緊密的關係，形成相生相剋的關係，具有樸素的唯物論和自發的辯證法因素。雖然「五行」說後來被唯心主義思想家神祕化，比如人體內的心、肝、脾、肺、腎這五種器官，也被納入五行之中，心屬於火，肝屬於木……儘管我們並不能從心臟中看到火苗，更不會看到肝發芽結出種子，但有關五行的很多合理性解釋還是被保留下來了。「五行」說對中國古代天文、曆數乃至醫學等的發展造成了一定作用。

相生相剋的五行

同樣，在恩培多克勒看來，四種元素也有虛擬的一面，這種樸素的唯物主義學說可由希臘神話中的四神代表：宙斯是火，赫拉是氣，波瑟芬妮是水，而黑帝斯是土。這樣的象徵意義，早已滲透在各種文化之中，我們直到現在也還可以看到。比如黃道星座，除了蛇夫座以外的十二星座，在占星學上具有重要地位，它們就是按照四種元素被分為四象，循環往復。這裡的四元素就和五行一樣，和實際的物質已經沒有多少關係了。

2 世界萬物的基石 —— 原子的概念是怎樣被提出來的

就在恩培多克勒出生前不久，米利都還迎來了另外一位哲學家留基伯（Leucippus，約西元前 500 年～約前 440 年）。關於他的歷史記載並不是很多，後人猜測他成年後的主要活動地區是在色雷斯（Thrace）城邦，在那裡他結識了另一位哲學家德謨克利特（Democritus，西元前 460 年～前 370 年），並以師生相稱，將平生所學傾囊教授給他的這位學生。

留基伯的觀點可能也受到恩培多克勒的啟發，認為物質是由很多微粒構成，只不過他眼中的微粒並不是那麼虛無縹緲 ，而是真實存在的。而且，不只是有水、火、氣、土的微粒，萬物都有各自的微粒，它們的本質相同，但是大小、形狀以及運動的方式不同。

德謨克利特進一步發展了留基伯的理論，給這種微粒起了一個名字，叫 a-tom，也就是後來的 atom（原子），從而形成了歐洲最早的樸素唯物主義的原子論。他們認為，宇宙萬物是由最微小、堅硬、不可入、不可分的物質粒子 —— 原子所構成的。他把恩培多克勒的元素學說也融合進來，認為原子沒有那麼多種類，而是分別隸屬於水、火、氣、土這四種元素。每一種原子在性質上相同，但都有各自的形狀特點，其大小是多種多樣的。我們既不能將它們分割，也不能創造出它們。按照不同的形式組合，就可以構成所有的物質。德謨克利特的原子論可以解釋日月、星辰以及天體形成的原因，甚至其認為人的靈魂也是由原子構成的。

德謨克利特的原子論是難能得可貴的，雖然在當時的條件下，無法得到科學實驗的驗證，但卻能被人們所接受。至此，人類終於猜測出物質的本源——並用「原子」為它命名。儘管這個理論後來被證明仍然存在很多錯誤，但它建構的模型卻與2,000多年後的科學理論不謀而合。到19世紀初，這種學說在新的歷史條件下逐步發展成為近代的科學原子論。

給原子排排隊

德謨克利特的猜想，曾經被古希臘大哲學家、思想家柏拉圖（Plato，西元前 427 年～前 347 年）採納了一部分。此時，希臘哲學的中心已經從米利都轉移到了雅典，柏拉圖正是雅典學派的代表人物之一，柏拉圖還把他的學問傳授給了學生亞里斯多德（Aristotle，西元前 384 年～前 322 年）。但是，亞里斯多德並不很相信原子是真實存在的，轉而研究起恩培多克勒的想法。在他看來，有沒有原子並不重要，只要元素的性質經過調和，就可以形成千變萬化的物質。

亞里斯多德是古希臘哲學家，其影響力巨大，在多個科學領域的發展都做出了很大的貢獻。在哲學上，他提出潛能與實體說，解釋了世界的運動性和變化性，但是他對原子的漠視，也讓後世的很多人都不再認為物質是由一個個真實存在的小微粒構成 —— 等到人們意識到這是個錯誤時，已經是 17 世紀的事了。此時德謨克利特的名字都快被人們遺忘，更別提原子的假說了。當英國科學家羅伯特 · 波以耳（Robert Boyle，西元 1627 年～ 1691 年）和艾薩克 · 牛頓（Isaac Newton，西元 1643 年～ 1727 年）這樣的大科學家都在猜想物質中的微粒時，他們都沒有想起使用「原子」這個詞。

直到西元 1808 年，英國科學家約翰 · 道耳頓（John Dalton，西元 1766 年～ 1844 年）才又正式啟用了「原子」的概念，發表「原子學說」，首次提出物質是由不連續的最小微粒 —— 原子組成的。他將原子視為構成物質的最小單元，合理地解釋了當時已經發現的化學現象。不同於德謨克利特，道耳頓並不只是從邏輯上猜測原子的存在，而是根據當時已有的實驗結果證實原子存在。他同時也對原子設定了幾個規矩：元素最基本的粒子就是原子，不可分割，在化學變化中保持不變；同一種元素的原子，形狀、質量和性質都相同；不同元素的原子能夠以自然數的比例相結合。

道耳頓的這些論斷就是現代科學理論理解原子的基礎，奠定了近代化學的科學理論基石。儘管原子很小，但是我們不能因此就否定它們的存在。還有一點是，道耳頓所說的元素，也早就不再是水、火、土、氣這四種憑空猜測的元素，而是此前由波以耳提出的約定 —— 無論怎樣操作都不會被分解的單一物質，如氫、氧、碳、鐵等。

顯然，這裡的「元素」，其實更應該被稱為「單質」 —— 由同一種元素的原子構成的物質，只不過，當時的人們並不知道原子還會構成分子，誤認為所有的單質都是由一個個原子直接堆積而成，所以，單質自然就被視為元素本來的面貌。其實，在道耳頓那個時候，也已經有少量的證據對這種論述提出了質疑，比如同樣是僅由碳形成的物質，既可以是石墨，又可以是鑽石，那麼到底哪一種才能代表碳元素呢？

後來，在此基礎上，元素的內涵得到了修正，它成為一類物質的總稱。就好像「貓」這種動物有很多血統，可以是黑貍花，也可以是波斯貓，每個血統都不能代表整個物種。在這裡，單質好比是純種貓，而元素就好比是物種，至於原子，指的當然就是個體了。再後來，元素在化學上發展成為不能再分解成更簡單的物質的概念，就是我們現在所說的化學元素的簡稱。

有了這樣的區分，我們終於可以明白，亞里斯多德那個年代對元素和原子的爭論，多少有些盲人摸象。原子是構成物質的真實個體，而元素是對不同原子的分類，它們不過是描述物質的一體兩面。

但是，既然用元素對物質進行分類，那麼這個地球上到底有多少種元素呢？ 19 世紀的很多化學家都在研究這個題目，而他們的依據，就是道耳頓對於不同原子的論斷 —— 相同的元素有著相同的原子，那麼如果原子不同，大概就是不同的元素吧？

雖然原子太小，肉眼無法看到，但是科學家們卻有很多辦法識別出原子是否相同，其中最重要的一條就是測算不同原子的質量。

就這樣，道耳頓提出原子論的時候，人們還只能胡亂地猜測出十幾種元素。半個世紀過去以後，人們卻已經可以準確地區分出五六十種元素。

這麼多種元素，想要記住它們也不容易。於是，有些科學家就想了個辦法，把不同的元素按照一定的順序排列起來，最簡單的依據自然還是原子質量了。

這一排不要緊，有人發現，不同的元素之間好像還有著某種規律：按照原子質量從小到大的順序，似乎每隔幾個元素，它們的性質就會輪換一個週期。就好像我們編排日曆的時候，每隔 7 天，就會依次從星期一排到星期日。

元素的這個規律，當時很多人都認為只是一種巧合，但也有幾位學者認為，這些元素的背後，應該還藏著某種未被發現的神祕力量。

到了西元 1869 年前後的時候，俄國科學家德米特里·伊凡諾維奇·門得列夫（Dmitri Ivanovich Mendeleev，西元 1834 年～ 1907 年）總結了前人發現的各種現象和規律，正式提出了「化學元素週期律」，並據此繪製出著名的元素週期表；表中各元素是按原子序數由小到大依次排列，元素的性質隨著原子序數的增加而呈週期性的變化。雖然他說的有一些道理，但是質疑他的人很多，因此，元素週期律一開始也就沒有引起什麼反響。

新生事物的誕生往往不是一帆風順的，甚至會受到非難或指責。不過，門得列夫似乎已經預判了這個局面，在表述時還留了個心眼。在他的元素週期表中，他特地留了 4 個空格，預言了一些尚未發現的元素，聲稱這些位置將會有新的元素填充進去。西元 1871 年，他又把預言元素的空格由 4 個改為 6 個，並且把這些元素的性質都給預測了。元素週期表為尋找新元素提供了一個理論上的嚮導。

這個辦法就好像是在做數列遊戲。比如，如果給我們一列數字：1，1，2，3，5，8，13，（？），34，那我們很容易猜到，括號中問號的數應該是 21，這是一段非常出名的費波那契數列（或菲波拿契數列）。門得列夫的預言也是這樣的原理，只是需要等候一個在括號中填寫數字的人，一旦結果契合，自然也就印證了他的論斷。

僅僅經過 10 年，門得列夫預測的新元素應驗了。例如，西元 1875 年，原子量為 68 的「類鋁」（符號為 Ea，意為類似鋁的某元素）被發現了，被命名為鎵（Ga，原子量 69.7）。原子量為 45 的未知元素——「類硼」（符號為 Eb，取名為 ekaboron，意為類似硼的某元素）於西元 1879 年被瑞典化學家拉爾斯·弗雷德里克·尼爾松（Lars Fredrik Nilson，西元 1840 年～ 1899 年）發現了。他用拉丁語中表示 Scandinavian（斯堪地那維亞半島，瑞典和挪威就位於此島上）的詞語將這個新發現的元素命名為鈧（Scandium，符號為 Sc）。鈧的相對原子質量為 44.95，正是門得列夫預測的那個缺失的元素。西元 1886 年，「類矽」（符號為 Es，意為類似矽的某元素）也被發現了，被命名為鍺（符號為 Ge，原子量 72.6）。根據當年門得列夫關於元素週期律的猜測，這種新元素應該和空格元素在很多方面非常相似，事實上也的確如此，發現者都佩服得五體投地。有了這樣的驗證以後，科學界再也不能對門得列夫的發現視若無睹了。

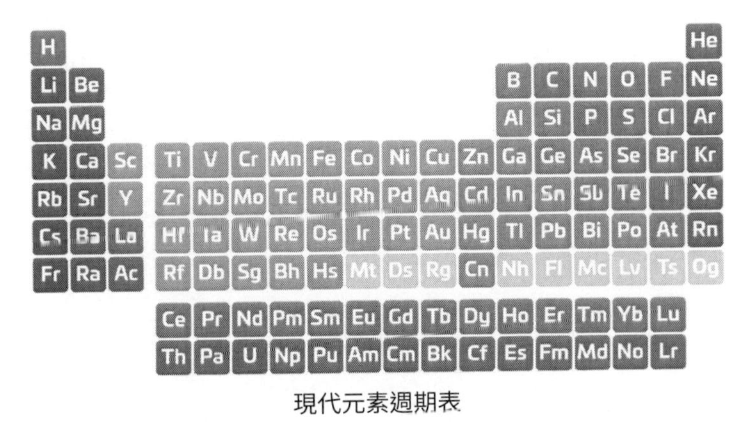

現代元素週期表

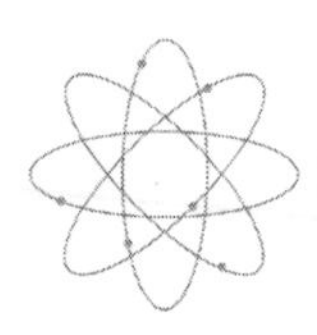

至此，門得列夫對按照原子質量順序找規律的這個方法也非常信任，只是他始終搞不明白，為什麼後來總有幾個元素的順序不太對，就好像剛剛過完星期一，時間又回到星期日了。

這一切，其實都源於他對原子最根本的執念 —— 原子是物質不可分割的最小單位。

而在第 1 章的結尾，我們已經知曉，是比原子更小的一些微粒構成了原子。因此，原子不僅可以繼續分割，而且相互之間還可以發生轉變。

永不停息的融合

門得列夫臨終前，聽說了這件他最不願意相信的事：原子是由更微小的微粒構成，其中至少存在一些帶負電荷的電子，還有一個帶有正電荷的原子核。

他之所以不願相信，是因為一旦存在這種可能性，他所建立的元素週期律，很可能就要崩塌。那是他一生中最為得意的作品，他不想就這樣放棄。

然而，事實證明，門得列夫多慮了，元素的週期律恰恰源於它更精細的內部結構，我們還會在後面談及此事。而且，這樣的新發現也不會削弱門得列夫的歷史地位，只會讓人更加感到他尋找自然規律的本領不可思議——在沒有發現原子的結構前，他居然只靠草稿紙上計算的數據就推斷出如此精妙的自然規律。

在所有原子中，最微小的氫原子我們已經見識過，它由一個質子還有一個電子組成，結構非常簡單，質子便是它的原子核。

然而，在宇宙大爆炸後不久，質子和中子「抱」在一起的那個結合體，它的化學特性居然也和只有一個質子的氫原子非常相似，看起來屬於同一種元素。電子比質子小得多，在原子質量中可以不去考慮，可是中子的質量和質子差不多，一個質子加上一個中子之後，原子的質量就翻倍了。依照門得列夫的觀點，原子質量決定元素的特性，這兩種物質的重量相差一倍，它們的特性應當大相逕庭，怎麼還會有這樣相似的結果呢？

類似的情況還有很多，因此科學家們在門得列夫的研究基礎上又開展了許多實驗，終於認定：元素的性質和原子核中的質子數量有關，和中子的關係不大，和原子量之間自然也就沒多少關係了。只不過，質子越多的原子核通常中子也更多，原子的質量相應也會更大。所以，對於絕大部分元素來說，門得列夫猜測的依據都奏效了。這既是一種有些巧合的自然規律，也是我們人類的幸運 —— 否則我們還要再等待更久的時間才能迎來那個發現元素週期律的人。西元 1906 年，諾貝爾獎委員會擬將化學獎授予門得列夫，但遭到瑞典皇家科學院個別科學家的強烈反對。隔年 2 月，門得列夫與世長辭，成為諾貝爾獎史上一大遺憾。

隨著天然放射性現象（1896 年）和同位素（1910 年）的相繼發現，人類對原子結構的了解更進一步；還有人工合成元素的進展，它們又使元素週期表得到不斷被豐富和發展。

不管怎麼說，我們現在已經確信，當原子核中只有一個質子時，它就屬於氫元素。反過來，構成原子核的，除了這個質子以外，可以什麼都沒有，但也可以有一個中子。為了區分這兩種氫，沒有中子的一種被稱為氕，有一個中子的則被稱為氘。在宇宙之中，充斥著大量的氕和氘。

實際上，除了氕和氘以外，氫原子還有第三種形式，就是由一個質子和兩個中子構成，被稱為氚。氕、氘、氚在漢字中的寫法，就已經形象地表明了它們的內部結構。因為它們都屬於氫這一種元素，原子序數相同，在元素週期表上占據著同一個位置，只是中子的數量和質量數不同，且化學性質幾乎相同，所以它們就是氫的三種「同位素」。不過，氚並不會很穩定地存在，所以宇宙中的氫原子，主要還是由氕和氘這兩種同位素構成。絕大多數元素都有多種同位素。

在宇宙中出現了大批的氫原子以後，因為各種引力的關

係，它們就團簇在一起，形成大片的塵埃雲。此時，原子之間會發生非常複雜的相互作用，其中有一些作用，我們還會在後面的章節中了解到。

這些以氫原子為主構成的巨大雲團，在蓄積到一定體量的時候，就會開始坍塌。所謂坍塌，就好比我們嚼著口香糖吹起一個泡泡，泡泡破了以後，口香糖就會立即收縮，黏在嘴唇上。只不過，造成氫雲團坍塌的原因，是那個讓牛頓想破了腦袋的「萬有引力」，它吸引著雲團外圍的原子向著中央飛去。

坍塌的雲團讓原子之間的距離越來越小，打破了原有的平衡。緊靠在一起的氫原子會相互摩擦，產生熱量，以至於它們的溫度越來越高。高溫會讓它們再次失去捕獲的電子，成為孤獨的氫原子核，同時不斷的擠壓又會讓原子核之間的距離靠得越來越近。

如果不是這樣極端的環境，很難想像如此多的氫原子核會相互緊挨，它們自身攜帶的正電荷本應該讓它們之間同性相斥。擠在一起的氫原子核靠得實在太近，它們相互撞擊，終於在條件合適的時候，再一次引發了爆炸。比起宇宙大爆炸來說，這樣的爆炸雖然規模小得多，卻也足夠絢爛 —— 第一批恆星正是因此而被點亮。

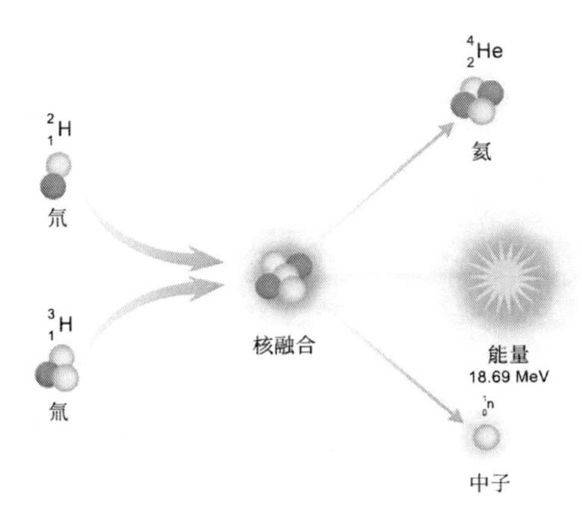

$$^{2}_{1}H + ^{3}_{1}H \longrightarrow ^{4}_{2}He + ^{1}_{0}n + 18.69\ MeV$$

核融合原理

在恆星內部的爆炸中，氫的原子核——主要還是氕和氘——會發生融合，這個輕原子核聚合為較重原子核的過程就被稱為核融合。融合的同時將發出巨大的能量。它們的聚合方式十分多樣，例如，一個氕和一個氘，它們就可能發生非常簡單的核融合過程，直接融合在一起，從而得到有兩個質子和一個中子的原子核。有兩個質子的原子屬於氦元素，所以這是氦的一種同位素。只不過，氦元素不像氫那樣受到特殊優待，人們並沒有給它的同位素賦予各自的名稱，一般就用氦 -3 稱呼這種同位素，其中 3 代表的是同位素中質子與中子數之和。

這種氦 -3 還會和氘繼續發生核融合，產生氦 -4，也就是包含兩個質子和兩個中子的原子核，剩餘的那個質子 —— 也就是氕核，又會接著和其他原子核相撞。將氫的同位素氘與氚的原子核無限接近，在特定條件下可使其發生融合而形成氦核，同時放出一個中子，就能釋放出巨大的能量。

宇宙大爆炸初期產生的原子核種類還有好幾種，除了氫以外，還有少量的氦，以及擁有 3 個質子但也更微量的鋰元素，它們都會參與核融合過程中。

就這樣，原子核不斷地撞擊融合，形成了新原子核，總質量會有些許降低。而我們將在第 5 章說到的愛因斯坦質能反應方程式，在這裡也一樣適用，因此在核融合過程中，會釋放出巨大的能量。正是如此巨大的能量，支撐著核融合繼續發生，爆炸也在不斷地進行。

正如春秋時期思想家、道家創始人老子在《道德經》中所說：「道生一，一生二，二生三，三生萬物。」原子核中的質子數目逐漸增加，新的元素由此出現，萬物都以此為基礎。以老子為代表的東方哲學家，並沒有提出和希臘哲學家那樣旗幟鮮明的原子論，但是不可否認的是，他們的物質觀卻以原子變化的形式得到了印證。

整個過程就像是西洋骨牌一樣，一旦啟動就不會停止，拉扯出產生新元素的鏈條：6 個質子的碳、8 個質子的氧、14

個質子的矽……它們在核融合的鏈條中占據優勢，比例也較其他元素更高一些。

一般條件下，發生融合的機率很小。自然界只有在太陽等恆星內部，因其溫度極高，輕核才有足夠動能克服斥力而發生持續的融合。實現融合反應需要上千萬攝氏度以上的高溫和高壓。研究受控熱核融合是解決能源枯竭的重要途徑。核融合與太陽發光發熱原理相同，因此，可控核融合研究裝置又被稱為「人造太陽」。核融合原理看似簡單，但要讓融合反應持續可控，可以說，難於上青天。據西元 2021 年 5 月 28 日報導，透過 40 年的努力，有「人造太陽」之稱的全超導托卡馬克核融合實驗裝置（Experimental Advanced Superconducting Tokamak，EAST）創造新的世界紀錄，成功實現可重複的 1.2 億攝氏度 101 秒和 1.6 億攝氏度 20 秒等離子體執行，向核融合能源應用邁出重要的一步，未來可設置融合電站。

不斷的融合過後，原子核越來越大，恆星中原子的數量卻在不停地減少，因此恆星的內部就如同一座被挖空的山洞一般，若不是核融合產生的巨大能量，隨時可能發生坍塌。

當核融合來到擁有 26 個質子的鐵時，這個結果還是如約而至了。對於恆星而言，這是一場悲劇，它意味著恆星的生命就要走到盡頭，但是對於整個宇宙而言，這樣的災難經常在發生，並不值得大驚小怪。更為重要的是，它讓更多元素的誕生成為可能。

當巨大的恆星坍縮之時，原子之間的碰撞也是盛況空前，燦爛的超新星也會由此形成。氧、矽、鐵等有著比氫原子核大得多的原子核，它們以一種視死如歸的勁頭融合在一起，從而形成了那些比鐵更大的原子核。這其中，就包括銅、鋅、金這些將會在我們的後續篇章中出現的元素。原子核中的質子數量飛快增長，等到出現鉛元素的時候，質子的數目已經達到了驚人的 82 個。

比鉛更大的元素還會繼續形成，比如鉍、鈾、鈈等。只不過，它們的原子考核在過於龐大，已不再能夠保持穩定。每過一段時間，這些原子核中就會有一部分發生分裂，變成小一些的原子核 —— 這個過程，就被稱為核分裂，它是一種與核融合相反的過程。核分裂的存在，也注定元素的種類不會無限增加。

至此，盛極必衰，這顆恆星已經無力迴天，元素的盛宴也該收場了。上百種元素交會在一起，形成了新的雲團。令人吃驚的是，在這個雲團中，那些沒有在核融合中消耗完的氫原子居然還是主力，它們正打算故技重施，至於那些因它形成的各種元素，卻已經在醞釀新的物質故事 —— 我們在下一章中繼續講解。

3 讓原子組合起來

——物質世界是如何組裝的

星際分子

茫茫宇宙之中，原子所占的空間非常有限，有如茫茫戈壁灘上偶爾出現的行人，似乎很難碰撞到一起。但是，物質之間的相互作用力，卻讓原子上演了一出又一出的好戲，恆星就是大量氫原子和氦原子碰撞之後產生的壯麗煙火。太陽就是一顆恆星。維持恆星輻射的能源是融合反應，即熱核反應。

但是，宇宙中原子的碰撞並不總是如此激烈，核融合產生的條件並不是那麼容易達成。更多的時候，好不容易聚集到一起的原子，只是構成了非常稀薄的原子雲團，沒有強烈的擠壓，也不會形成很高的溫度，它們只是以一種更為和諧的方式聚集在一起。

在原子中，原子核是原子的核心部分，其體積只占非常小的一部分，直徑只有 10^{-15} ～ 10^{-14} 公尺（即不足 100 兆分之一公尺或 10 萬分之一奈米）；在一般的化學反應中，原子核是不會發生任何變化的。組成單質和化合物分子的最小微粒 —— 原子的直徑為 4×10^{-10} ～ 6×10^{-10} 公尺（即不足 1 奈米），且其質量幾乎集中於原子核。可見，原子核的直徑還不及原子的萬分之一。如果說原子有一隻籃球那麼大，那麼對應的原子核不過是灰塵般大小。

原子核是由帶正電荷的質子和中性的中子（二者統稱為核子）組成的緊密結合體，因此，原子核帶正電荷。一切原子都是由一個帶正電荷的原子核和圍繞它運動的若乾電子組成的。當溫和的條件不足以讓電子與原子核發生徹底分離時，那麼不同原子的原子核也就沒有機會可以碰到一起，原子之間的交流，只能靠最外緣的電子牽線搭橋。

當兩種或兩種以上元素的原子透過電子結合，形成一個集合體，這就是原子團，而單質的分了就是由相同元素的原子結合而成的。在許多化學反應中原子團作為一個整體參與。宇宙中的原子相遇之時，就會形成各式各樣的原子團，我們暫且把它稱為星際分子。

由於宇宙中的氫原子占據了絕大多數，因此，最容易相會的，就是散落在各處的氫原子。當兩個氫原子碰到一起的時候，就會結合成氫分子，在地球上，它被稱為氫氣。

隨著恆星內部的核融合釋放出更多型別的原子之後，星際分子的種類也開始多了起來。

很長時間以來，星際分子的神祕面紗都讓人們感到捉摸不定。這是因為，在一般情況下，即使宇宙中的原子相遇了，它們周圍的環境也仍然十分空曠，甚至比人類在實驗室裡製造出來的真空更像真空。這就意味著，原子在結合之時，很難再有別的選擇，只能碰到什麼就和什麼結合。

水分子模型

化合物的分子則由不同元素的原子組成。比如，當氧原子和氫原子在地球上相會時，它們最容易形成的，就是提供了地球上無數生命的「水分子」。每一個水分子，都是由一個氧原子和兩個氫原子結合而成，氧原子居於其中，而氫原子以特定的角度結合在氧原子的兩側，形成 V 形構造。考慮到氫原子和氧原子之間懸殊的體型，它們形成的這種水分子，從外形上看很像是熊貓的腦袋。

在地球上，想要從水分子上摘掉一個氫原子，讓它只剩一個氫原子和一個氧原子，說容易也容易，甚至不需要太多的外力，氫原子轉身就會從水分子中離開。只不過，它在離開之時，並不會帶走自己原來那顆唯一的電子，於是，剩下的一個氫和一個氧，就擁有了一個過剩的負電荷。

離子化合物沒有簡單的分子，是由相反電荷的離子聚集在一起的，如 NaCl 等。這種帶有電荷的微粒被稱為離子，它們的很多特性都相較於不帶電荷的分子發生了變化。當微粒帶有正電的時候，就被稱為正離子或陽離子，脫落的那個氫缺少了一個電子，於是它就帶有一個正電荷，被稱為氫離子；而當微粒帶有負電荷的時候，就被稱為負離子或陰離子。顯然當氫離子離開之後，水分子剩下那部分便是負離子。

正因為水分子中的氫很容易脫落，由一個氫和一個氧形成的這種離子，即使是在純水中也有少量存在。由氫元素氫和氧元素組成的一價原子團就是氫氧根（OH^-），也被稱為氫氧根離子或羥基負離子。這個「羥」字，無論是字形還是讀音，都是「氫」和「氧」的「雜交體」。

從水分子上摘掉一個氫原子，還有一種特殊的情況，那就是氫在離開的時候帶走了電子。也就是說，脫落的是氫原子而非氫離子，剩下的那部分，是氫和氧構成的中性微粒，不帶電荷。這種微粒被稱為羥基分子，它在地球上不算常見，有時候就算形成了羥基分子，通常也不能穩定存在，很快就會轉化為其他物質，它們兩兩結合，就會變成由兩個氧原子和兩個氫原子組成的過氧化氫（H_2O_2）。過氧化氫的質量分數為 3%的水溶液，俗稱雙氧水，也有用於漂白、殺菌作用或作為氧化劑的濃溶液，其過氧化氫的質量分數為 30%。不過，雙氧水依然不穩定，它在釋放出一個氧原子後，就成為一個新的水分子。

可是，太空中的環境就很不一樣，在地球上不能穩定存在的羥基，在太空中卻有可能大量存在。實際上，早在西元 1950 年，就已經有不少人陸續推斷，羥基分子是一種常見的、存在於宇宙空間的星際分子。

事實也果然不出所料。

西元 1963 年，科學家們首次利用電波望遠鏡透過光譜的方法，在仙後座附近探測到了羥基分子，這也成為當時一件轟動性的天文大事件，被譽為西元 1960 年天文學的四大發現之一。

人們興奮的並不只是這種分子被證實存在，而是羥基分子和水的特殊連結，讓人不禁浮想聯翩 —— 宇宙中是否也會存在水呢？多年以後，這個猜測也被證實了。

正因為宇宙的環境在地球上難以實現，各色奇怪的星際分子層出不窮，人們甚至專門設立了「宇宙化學」專業方向，用以研究宇宙中這些分子究竟是如何形成的。

繼續說羥基分子。在我們知道它是宇宙中的常客後，很快又注意到，它並不只是會在稀薄的太空環境下出現。直到現在，我們也沒有徹底調查清楚它的行蹤。2021 年，英國科學家首次發現，外太空一顆巨大的行星上，其大氣層中居然含有羥基分子。考慮到地球也是一顆行星卻難覓羥基分子的實際背景，這個結果讓人大吃一驚。

而在西元 2022 年，中國的嫦娥專案團隊在從月球上採集回來的土壤中發現，距離我們近在咫尺的月球上，居然也有羥基形式存在的水，雖然含量極低，但也還是令人眼前一亮。

所以，我們不能滿足於現有的成就，還要繼續探索這些星際分子不同的來歷，這也是為了弄清楚，宇宙真實的起源究竟是什麼。

實際上，很多工作早已展開。儘管地球的自然環境並不滿足要求，但是科學家們卻在勇敢地克服各種困難。他們有的把實驗搬到環繞地球的太空站中進行，有的則是在實驗室中製造出特殊的條件。這些條件雖說並不像前面說過的歐洲核子研究中心那樣驚天動地，但是最終的目的卻是驚人的一致。

西元 2017 年，化學物理所的幾位科學家，透過自製的一種光源裝置讓水分子產生了分解。令人興奮的是，喜歡空

手離開的氫原子，這一次卻沒有忘記自己的電子，於是中性的羥基分子就在這樣的環境中穩定地形成了。研究人員們猜測，在宇宙中，或許有一些羥基分子，也是在類似的環境中形成。如果是這樣，我們就可以透過驗證羥基分子的存在，來論證那些遙遠星系內的特殊狀態，進一步找到宇宙形成的依據。

宇宙是物質的，透過物質去理解宇宙，這是我們永遠都不會停下腳步去探索的艱鉅任務。

但是，宇宙中尋找到的特殊分子，也讓我們對地球上的分子有了更多的理解。如果說，原子是構成世界萬物的基本元素，那麼分子所扮演的角色，就是讓這些基本元素發揮出實際的功能。只有認識了分子，才能真正弄明白物質搭建的規律。

從太空到地球

和羥基分子一樣，宇宙中還有很多非常奇特的星際分子，科學家至今已經發現了其中的 110 多種星際分子。每一個分子都有自己的特定結構，這也是人類區分它們的依據。很多跡象表明，某些結構有可能只在太空之中才會穩定存在。

西元 1960 年，宇宙起源這個話題開始從天馬行空的遐想到以實驗證據為主導的階段，天文學家、物理學家、化學家乃至生物學家都聯起手來。這樣的合作很有必要：過去，理論學派的科學家們只能依靠精密的計算與必要的猜測，想像那些星際分子在宇宙中演化的過程；但是現在，實驗學派著力於合成出這些分子 —— 這甚至不只是造成輔助作用。

羥基分子已經是一個很典型的案例。多數星際分子是穩定的化合物，在地球上都可以找到；少數的星際分子在地球上很難找到，甚至根本找不到。它們有的是離子分子，在地球上雖然不能穩定存在，但在過去的實驗研究中，人們早就已經知道這種物質的存在，也很熟悉它的各種光譜特徵。因此，當天文學家費盡心思從宇宙中獲得了相關引數後，再想確定它的存在，實際上已經不存在多少障礙了。通常認為，星際分子的存在與恆星形成早期和演化晚期有著密切關係。

然而，隨著望遠鏡越來越先進，由此捕捉到的訊號細節也更完備。如果這些訊號來自於某種地球上不存在的物質，那我們又如何能夠證明這一點呢？

這樣的悖論其實早在 19 世紀時就已經開始對科學界提出挑戰了。

西元 1868 年，法國天文學家皮埃爾 · 讓森（Pierre Janssen，西元 1824 年～ 1907 年）在研究太陽光譜時發現，有一些譜線來自於一種未知元素，而這種元素在地球上尚未被發現。於是，這個未知元素就被暫定名為「helium」，其含義是「太陽元素」。

然而，太陽元素究竟是什麼？地球上只要找不到這種元素，這個問題就始終無法給出答案。

現在我們都知道了，所謂的太陽元素其實就是第 2 章所說的氦。在太陽中，它是僅次於氫的第二大元素，但是在地球上，它卻稀缺得令人抓狂。直到西元 1895 年，也就是「太陽元素」最初被發現後的 27 年，英國科學家威廉 · 拉姆齊

（William Ramsay，西元 1852 年～ 1916 年）才從釔鈾礦物中透過放射性元素的裂變找到了它，說明地球上也存在氦。

某種程度上說，當氦元素真切地呈現出來時，還是有些出乎意料，畢竟幾十年前人們用金屬元素才有的「-ium」字尾給它命名，而它和金屬元素之間的關係卻八竿子也打不著。

儘管這段故事曲折離奇，卻讓太陽系的形成過程有了更精確的答案。

太陽系很可能來自於一場超新星爆發後的殘骸，從氫、氦、鋰這樣的輕元素到鐵、銅、金這樣的重元素都像摔碎的玻璃一樣，以塵埃雲的形態一堆一堆地分散在太空之中。超新星是爆發變星的一種，當它爆發時，會釋放出無比巨大的能量，且星體中的大部分甚至全部物質被拋散。這種爆發變星具有亮度突增的特點。

作為燃料的氫和氦元素並沒有被消耗太多，依然是這片塵埃雲的主體。與此同時，更重的那些元素也構成了新的聚落。在引力的作用之下，這些雲逐漸收縮成一個個小球體並旋轉了起來，小球體又在旋轉過程中不斷地彙集，成為固定軌道上的大球體。

在漫長的整合之後，幾乎所有的氫和氦共同組成了一顆碩大的球體，並又一次引發了核融合，形成了我們如今所看到的太陽。那些沒有來得及跟上腳步的氫、氦元素則在遠方組成了諸如木星、土星、天王星以及海王星這樣的氣態星球。相比於太陽，它們的體量還是太小，並不足以點亮核融合的光芒。於是，在太陽系中，便只有唯一的一顆恆星，其他星球繞著太陽旋轉，行星的數量也屈指可數。

至於那些重元素，在一般條件下，它們不但發生融合的機率非常小，而且數量實在少得可憐，只夠組成一些更為嬌小的行星，也就是從太陽到木星之間依次排開的水星、金星、地球和火星，它們都被稱為岩石星球。當然，還有像冥王星、穀神星這樣沒有被列入八大行星的星球，以及月球這樣繞著其他行星旋轉的衛星。

嚴格來說，這個過程還有很多細節等著我們繼續去探索，例如木星內部，其實還有一個數倍甚至數十倍於地球大小的巨大岩石核，它似乎告訴我們一個更有可能出現的早期物質世界：太陽系孕育時，各大星球的元素構成比例並沒有太大區別，重元素形成岩石，而氫、氦這樣的氣態元素包裹於其外，只不過太陽的體積實在過於龐大，那些靠近太陽的行星以及體積太小的行星，都因為引力不足而丟失了氫和氦織就的外衣。

所有這些故事，都需要依靠物質提供的拼圖去一一解開。事實上，我們不難證明地球早期的大氣中含有大量的氫氣，它們後來很多以水的形式留在了地球上。

在地球以外率先發現氦元素，給了人們很多啟發，但也是個提醒：如果在太空中找到新物質，地球上卻不能予以驗證，會給科學研究帶來無盡的麻煩。

到西元 1968 年時，天文學家們發現，銀河中心的星雲傳遞出很多分子的訊號，雖然已有包括水分子在內的 20 多種分子得到了驗證，但是還有很多訊息，居然和以往認知的任何物質都不一樣。此時的問題擺在化學家面前，他們務必盡快在地球上找到這些訊息所對應的分子。

在連續攻克幾大難題後，科學家們開始向光譜上 217 奈米波長的一處吸收線進行研究，試圖確認是哪種分子造成了這一現象。一開始，由碳原子構成的石墨分子成為最熱門的候選對象，但是在被實驗結果否定後，當時最前沿的天文學家相信，這些分子很可能是一類被稱為「氰基聚炔烴」的物質。這類物質的主體仍然是碳原子，只不過碳原子破天荒地以直線的方式相連，兩端分別是一個氫原子和一個氮原子。

於是，對星際分子的研究，就從太空「搬」回了地球上。在投入無數人力物力後，這個問題至今還是懸而未決。

這似乎也在告訴我們，關於物質，深邃的宇宙中還有很多未解之謎，我們的探索生涯永遠都不會停息。

只要是探索，就不會無功而返。就在尋找「氰基聚炔

烴」這種物質的過程中，很多研究團隊都積極開發了新的合成方法，這些方法都成為科學研究中的無價瑰寶。

英國薩塞克斯的哈羅德·克羅托（Harold Kroto，1939 年～ 2016 年）是一位合成領域的實驗大師，他也於西元 1975 年加入了這場科學盛宴。他曾經合成出越來越長的氰基聚炔烴，透過對這些分子的引數進行計算，眼看著距離 217 奈米的目標越來越近。然而，地球的環境還是未能給他帶來好運，當碳原子的數量超過 9 個時，他的合成方法已經失效。

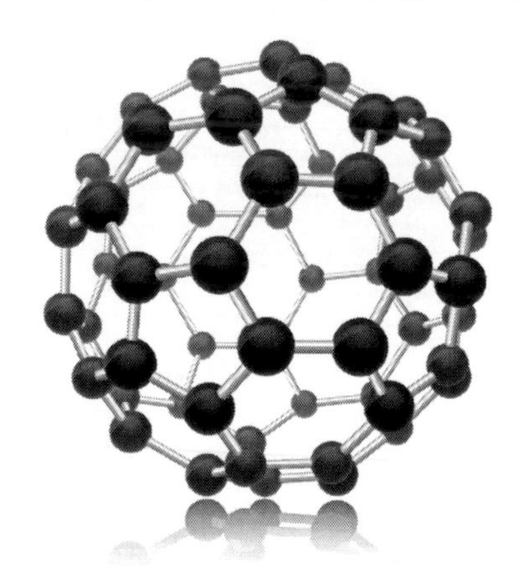

C_{60} 結構示意圖

但他設計的第二代儀器，卻意外地獲得了碳原子數量為 60 的一種分子，這讓他吃驚不已。經過數百次重複實驗後，他和很多同行都已經明白，這是一種過去從未發現的物質結構，60 個碳以一種近乎完美的對稱形式組合在一起。

在確認這種物質結構時，克羅托想到了一位名叫巴克敏斯特·富勒（Buckminster Fuller，西元 1895 年～ 1983 年）的美國建築設計師。富勒曾在蒙特羅世博會時用六邊形為主的結構搭建出巨大的穹頂 —— 球形薄殼建築結構。這一非凡的創意最終給了研究團隊以靈感。

以克羅托為代表的科學家們用 60 個碳原子的模型，以六邊形和五邊形交替的形式拼出了一種被稱為碳 -60（C_{60}）的球狀分子 —— 直到完工的時候，一顆足球一般的分子模型擺在他們面前。這個分子由 20 個正六邊形與 12 個正五邊形組成，和經典的足球縫製方式完全相同，堪稱迄今為止對稱程度最高的一種分子，故 C_{60} 別稱「足球烯」。後來，C_{60} 這種分子由其晶體結構分析所證實，與它同類的這些分子則被統稱為富勒烯。可見，富勒烯就是碳元素的一種同素異形體，即同種元素的物質而具有不同結構，但只限於單質，如碳的金剛石、石墨、富勒烯等。

西元 1985 年，這項研究被公布出來的時候，全世界都為這種美麗的分子感到不可思議，更令人感到不可思議的是，這種絕妙的分子結構在自然界居然從未被發現！

不過，很快又有了新的證據證明，哪怕只是蠟燭燃燒產生的炭灰中，也能找到 C_{60} 的身影。我們真正應該反思的是，為什麼直到現在才找到它？

或許，這就是太空給我們的提示吧。

西元 1996 年，克羅托因為發現富勒烯而分享了當年的諾貝爾化學獎。但是，我們知道，對分子的探索才只是進入熱身階段，我們還需要更深入地了解它們。

分子的遊戲

很多時候，我們會好奇，到底是因為什麼，我們的地球才會變得如此美麗動人？

要是不帶任何感情地回答這個問題，那麼答案就是——分子。

地球形成之初，豐富的氧元素與矽元素就已經迫不及待結合在一起，以二氧化矽的形式構成了地球的主體，如今我們稱之為岩石。然而，由於此時的地球還處在極度的高溫之下，即便是岩石也因此被烤化，整個地球就如同一塊巨大的熔岩球。於是，那些比岩石更重的金屬沉到了地球的中心，成為如今被稱為地核的結構體。而在地球的表面，熔岩還在肆虐，熾熱的氣體不斷產生，與原始的氫氣等物質一起，構成了地球的大氣層。

當我們抬頭矚目明亮的金星和赤紅的火星，或是在望遠鏡裡遙望木星的大紅斑時，不由會覺得，它們美得簡直讓人

窒息。然而，若我們有一天能夠走近這些行星，一定會有完全相反的感受。在這些行星的表面，只有惡劣的大氣環境和貧瘠的地面 —— 甚至在木星這樣的氣態行星上，我們似乎連大氣和地面的分界線都找不到。

單調，是這些行星的共同特徵。實際上，我們有理由相信，即便是在太陽系外，絕大多數行星也都會是相似的模樣。

早期的地球大概也是如此，如今卻到處都是生機勃勃的景象，其中也包括我們人類在此繁衍生息。換言之，各式各樣的生靈，都依賴地球獨特的環境生存。

面對此情此景，人們猜測，地球最初就好比一個大熔爐，不同的物質在合適的介質中不斷碰撞，終於產生豐富的分子種類，提供生命起源最初的原料。

而在這個過程中，最重要的介質就是水。

水是一種神奇的物質，以至於泰勒斯最初將它當作物質的唯一起源。泰勒斯並沒有錯得很離譜，對於地球而言，很多分子的起源確實有賴於水。

通常物質存在三種狀態：固態、液態和氣態。幾乎沒有任何競爭的選項，人類以水作為標準物質設定了最通用的溫度標定方式 —— 在攝氏度的規定中，以標準大氣壓下水的凝固點為 0 攝氏度，同時以水沸騰時的溫度為 100 攝氏度，平均切分 100 份，就可以得到每一攝氏度，這種定標的方法叫做攝氏溫標。不過，在科學上，溫度存在理論上的最低值，大約是零下 273.15 攝氏度，如果以此為零點進行規定，便是絕對零度。以水的三相點溫度 273.16 開（即 0.01 攝氏度）規定為零點建立的熱力學溫標是一種不依賴於任何物質的特性的最基本的理想溫標。儘管如此，熱力學溫度（單位為開爾文，簡稱開）的每一個區間，和通用的攝氏度區間並無差別，但在生活中，使用攝氏度的場景顯然更多。

以水溫劃分溫度並不意外，因為它是地球上最常見的液體物質，並且我們也很容易看到它的氣態或固態形式。相比之下，如果我們想要看到銅熔化為液態的銅水，就需要加熱到 1,084.62 攝氏度。這是一個非常高的溫度，至少對於古人來說，僅僅靠燃燒木柴實在難以企及，這也就不難理解，歷史上人類為什麼不能很容易地掌握煉銅技術。

更具特色的是，和類似的物質相比，水在地球上保持液態的區間實在是大得出奇。

例如地球上另一種常見的分子二氧化碳，它在氣溫低於零下 78 攝氏度時會成為固態，固態的二氧化碳為白色，形似冰雪，被稱為乾冰。而當外界溫度高於這個溫度數值的時候，它甚至不會先熔化變成液態，而是直接氣化變成氣態，成為我們空氣中普遍存在的二氧化碳氣體。也就是說，液態

二氧化碳在地球上存在的溫度區間是零，只有改變氣壓，才有可能製造出它。例如，對二氧化碳施加很大的壓力，就能夠形成液態二氧化碳，要是任由液態二氧化碳膨脹，又可能會製得乾冰。

二氧化碳或許是個極端的例子，但是其他一些分子，如甲烷分子（CH_4）它由一個碳原子與四個氫原子構成。它從固態變成液態再到氣態，只有 21 攝氏度的區間；氨分子由一個氮原子與三個氫原子構成，它的區間是 44 攝氏度；二氧化硫中有兩個氧原子和一個硫原子，它的區間是 56 攝氏度……這些分子的元素組成都很簡單，它們和水還有二氧化碳一樣，都是地球形成初期的大氣層中就已經存在的物質。

可見，在太陽系形成初期，地表上流淌的這些初始原料中，水分子維持液態的能力最強。得益於地球與太陽之間恰當的距離，這顆星球表面大部分地區的溫度，在大部分時間裡都可以保持在 0 ～ 100 攝氏度。這也就意味著，地球上可以出現很大體量的水世界，它們不斷地融合交會，形成大大小小的系統 —— 如今我們稱之為江河湖海。

儘管現代科學還不能完美地解釋生命的起源過程，但是液態水的存在和能量的供給，毫無疑問是最重要的兩大基礎要素。

直到地球上出現生命以後，才有了更多液態區間很大的物質——乙醇，也就是酒精，它的液態區間將近 200 攝氏度，至於各類植物油，甚至普遍可以超過 200 攝氏度。

只不過，如果沒有最初的液態水，又何來生命，何來乙醇或油脂這樣的分子呢？

如今，當我們從水龍頭下接上一碗水時，或許並不會在意這碗水中的水分子，更難得去猜測除了水分子以外還有些什麼物質。然而，這碗平平無奇的水，還有其中所謂的雜質，卻寫下了極不尋常的物質演化史。

嚴格來說，我們現在看到的這些水分子，和 46 億年前地球剛剛形成時的那些分子並不是同一批，但它們卻有著千絲萬縷的關係。

大量的水分子聚集在一起，它們就會玩起丟沙包的遊戲——沙包便是水分子中的氫原子。液態水中的兩個分子靠得很近時，它們就會交換各自的氫原子，速度快到令人目不暇接。

實際上，很多時候，在一碗水中隨便指定一個氫原子，我們甚至很難確定它到底屬於周圍的哪一個水分子。正是因為氫原子處於不斷交換的狀態，水分子才有了異乎尋常的活躍屬性。無論處於多麼平靜的水面之下，水分子之間都如同一群劍拔弩張的仇敵，在不停地搶奪氫原子，它們將分子的遊戲推向高潮。

當它們流經岩石之時，活躍的水分子會萃取出其中的礦物質，包括鈉、鉀、鈣、鎂以及氯、磷在內的各種元素離開岩石，轉而在水中富集。這個過程直到今天也沒有停歇，雨水沖刷著世界各地的山體和土壤，然後帶著這些礦物質，一路奔流到海，於是海水中的礦物質就越來越多。

不只是岩石，地球早期大氣層中的成分同樣也會被水吸收，氨氣與水的親和力驚人，海水中因此擁有了大量的氮元素。不斷噴發的火山不斷釋放出二氧化硫與二氧化碳，又為海水提供了豐富的硫元素和碳元素。

總之，當水覆蓋地表大部分面積之時，它其實早已成為「濃湯」，其中混合了各式各樣的元素，其複雜程度遠甚於我們從水龍頭下接的這碗水。

地球誕生之初的這鍋濃湯裡，可以熬出越來越複雜的物質。另一方面，包括小行星和彗星在內的天外來客們也像調料包一樣，朝著地球這口鍋中撒下更多的湯料。事實上，很多人還堅持認為，地球生命的源頭，也許就來自這些太陽系中遊蕩的小天體。對此，人類也從未停止過對它們的探索，試圖為生命在物質世界中的誕生找到更完整的解釋。

不變的規則

西元 2022 年 6 月，日本科學家宣布，在隼鳥二號小行星探測器從「龍宮」小行星帶回的岩土樣品中發現了胺基酸分子。

隼鳥號系列小行星探測器是日本專門針對小行星開發的研究裝置。

早在西元 2003 年 5 月 9 日時，隼鳥一號就發射升空，它的目標是對一顆名為「絲川」的小行星進行探測和取樣，並帶回樣品。實際上，這顆行星也是日本天文學家發現並命名的，被選為登陸對象並不叫人意外。隼鳥一號經歷了多次磨難，於西元 2005 年 11 月 12 日在絲川上軟著陸並取樣，西元 2010 年 6 月 13 日成功返回地球。它從絲川小行星上帶回的樣品因沒有受到地球上的任何汙染，成為人類研究太陽系進化過程的形成的珍貴物質。

到了西元 2014 年 12 月 3 日，隼鳥二號又肩負著相同的使命，只是目標換成了引力相對更大的小行星「龍宮」，經過 6 年的往返，其中的回收艙終於成功帶回了 5.4 克岩土樣品。經過仔細的分析之後，這些岩土被證實含有 20 餘種胺基酸，其中不少胺基酸的種類是地球上已經存在的。胺基酸是一種含有胺基的有機酸，其中的 α- 胺基酸是組成蛋白質的基本單位，因此，人們把胺基酸譽為「生命之源」，這是首次在地球以外確認胺基酸存在的證據。

這樁新聞的出現，讓很多一直持有外地行星帶來生命這一觀點的人們又掌握了新的證據。胺基酸是一類有機物，它對生命而言可以說是基礎原料，我們還會在後面繼續談到它們。此刻，我們似乎更應該關注一件事：如果原子是構成宇宙物質的基石，那它們是按照相同的規則結合在一起的嗎？

至少隼鳥探測器帶給我們的答案是肯定的，這對我們來說是個積極的訊號。

不妨反過來想一想：假如同樣的元素，它們在地球上按照一種規律結合起來，到月球上卻換成了另一套規律，等到了火星上時，差異就更大了 —— 這樣多變的物質世界，會讓人類的探索變得非常困難。

實際上，正是因為我們相信物質結合的規律存在共性，才有可能足不出戶就能判斷數百光年外會是什麼環境。就像克羅托對氰基聚炔烴鍥而不捨地合成是為了驗證在銀河中心存在這種分子的可能性，因為一旦證實了這一結果，就可以根據這種物質的特性去推斷那區域的環境。

儘管如此，科學家們也並不是從一開始就篤定這種規律的存在，甚至為此還大規模進行辯論。

19 世紀初，就在道耳頓提出「原子論」之後，原子如何組合的問題就引起了很多人的好奇。這是因為，大多數物質中的元素配比似乎都有著特定的比例，比如水含有氫和氧兩種元素，不管怎麼轉化為氫氣和氧氣，氫氣和氧氣的重量比都是 1 ： 8，而體積比都是 2 ： 1。從這些現象不難猜出，如果不同元素都是以原子這樣的微粒形式存在，那麼它們之間必然會以特定的方式結合在一起。當時有一些實驗科學家相信這是最可能的結果，特別是法國科學家約瑟夫．路易．給呂薩克（Joseph Louis Gay-Lussac，西元 1778 年～ 1850 年）還為此提出了一條在等壓條件下關於氣體的體積隨溫度而變化的定律，後人稱之為蓋 - 呂薩克定律，然而道耳頓本人卻不這麼看。他經過計算發現，如果原子會按照比例結合，那麼就可能出現半個原子的結果，這顯然不符合「原子是參加化學反應最小單元」的設定。所以，他認為這種巧合不過是有些實驗學家的測試不夠準確造成的。

對於這樣的爭論，當時的很多學者都提出了自己的假設。西元 1811 年，一位名叫阿密迪歐．亞佛加厥（Amedeo

Avogadro，西元 1776 年～ 1856 年）的義大利年輕科學家發表文章提出「分子」的概念以及原子與分子的區別等重要問題。他認為原子首先會組成分子，道耳頓算出來的「半個原子」，實際上應該是「半個分子」，這種分子中有兩個同樣的原子，所以半個分子就是一個原子 —— 完美地解答了道耳頓擔心的問題。

然而，這種說法不僅沒能迎來道耳頓本人的理解，還讓更多學者感到荒謬。相同的兩個原子怎麼能結合在一起？這樣的猜測違反了當時學術界的基本觀點，而它的答案我們將在第 4 章中揭曉。

總之，亞佛加厥的「分子學說」被無情地拋棄了，但他並沒有因此沮喪，而是繼續完善自己的工作，為分子學說提供了更多證據。後來，他的這一學說就成了我們所熟知的亞佛加厥定律。

隨著時間的推移，越來越多的研究者發現，原子的真實存在不容置疑，但是承認原子，必然也要承認它們特定的結合形式。在亞佛加厥的分子學說提出 40 餘年後，英國科學家愛德華·弗蘭克蘭（Edward Frankland，西元 1825 年～ 1899 年）於西元 1852 年已經初步提出了我們現在稱之為「化合價」的概念。化合價也稱原子價，簡稱價，用來表示一個原子（或原子團）可以和其他原子相結合的數目，如氫是一價，所以兩個氫原子和一個氧原子會結合為水分子，氧的化合價就是二價；而當它們分別和碳元素結合時，因為碳是四價，所以一個碳會和四個氫結合（即甲烷），或者一個碳和兩個氧結合（即二氧化碳）。但是，他當時的概念還是比較模糊的，沒有論及多原子元素彼此相結合時所遵循的原則。

實際上，到了這一步時，「分子」學說就該重見天日了。但是，當時的主流學者卻不敢推翻前人的觀點，亞佛加厥本人也已是風燭殘年，難以據理力爭。

直到西元 1860 年，在第一次國際化學會議上，亞佛加厥的義大利老鄉斯坦尼斯勞·坎尼扎羅（Stanislao Cannizzaro，西元 1826 年～ 1910 年）站了出來，透過實驗加以論證，重新闡述了「分子」和「原子」的關係，將這個沉睡半個世紀的重要理論公諸於世，科學界這才恍然大悟。這一理論終於得到普遍的公認。然而，亞佛加厥並沒有能夠親眼看到這一天，他在 4 年前就已經過世了。

不僅如此，坎尼扎羅在後來的幾十年裡，一直都在踐行著自己的使命，不僅徹底搞清楚分子是什麼，更由此修正了過去的一些錯誤，完善了原子量的測定。正如第 2 章所說，門得列夫編制元素週期表的依據就是原子量，他能夠擁有一套完整的數據，同樣也離不開這些幕後的工作。實際上，此前也有一些嘗試編纂元素表的先驅，就因為原子量的數據不準確而不能自圓其說，作品最終未能成型。

坎尼扎羅也擅長實驗工作，他首先發現了一種化學反應的過程，至今還在被廣泛應用，並以他的名字命名為「坎尼扎羅反應」。在這個反應的過程中，就會出現「羥基」的身影，而坎尼扎羅也是第一個提出「羥基」這種結構的科學家。

儘管 19 世紀的科學家們對於原子為何會結合在一起完全沒有頭緒，但他們走過很多彎路以後，最終還是確定了這種模式。後來，雖然分子的型別越來越多，但是沒有人懷疑，有一股看不見的力量讓原子湊在一起，它們形成的小團體能夠保持這種物質最基本的化學性質。

到了現在，透過尋找特定的分子去挖掘線索，已經成為很多領域的常規操作。不僅是在太空探索中如此，醫生會透過尋找特定分子確定病症，刑警也會根據分子去找到犯罪的證據，這都是分子理論的實際應用。可以說，原子會組合成分子的規則，已經成為我們深刻認知物質世界的基礎。

但是，它們到底是怎樣結合在一起的呢？接下來，我們就來看看，物質之間有著怎樣的作用力。

4 無處不在的相互作用力

── 物質為何能結合在一起

電子的巨大魔力

用絲綢在一根玻璃棒上摩擦片刻後，因為玻璃棒帶上了電荷，就可以吸起一些小紙屑；同樣地，把硬橡膠棒與毛皮摩擦後，硬橡膠棒也會帶上電荷。物理學上把二者分別規定為正電荷和負電荷。用磁鐵順著同一個方向在鐵釘上摩擦，鐵釘就可以被用作指南針。

這兩個經典的物理實驗，講述了宇宙間的一條重要法則 —— 異性相吸。例如，靜止的電荷，同種相斥，異種相吸。

更具體而言，帶有正電荷的物質會和帶有負電荷的物質相互吸引，兩個磁體的磁南極和磁北極會相互吸引。也有人嘗試將這個規律推演到更廣泛的社會學領域，用以解釋包括男女感情在內的各種問題 —— 似乎並不一定吻合。因此，從科學的角度而言，異性相吸是在電磁學領域才成立的鐵律。這些放在宇宙皆準的現象，有賴於背後的物質基礎，而電子在其中扮演了最為關鍵的角色。

正如我們現在已經知道的，絕大多數物質的基本單元都是原子，而原子的結構，是帶有負電荷的電子圍繞著帶有正電荷的原子核旋轉。原子核與電子的電性相反，使它們之間產生了一股吸引力。由於原子核的體積遠遠大於電子，兩者之間的吸引力讓它們形成一種類似於太陽系的結構：原子核如同居於核心的太陽，而電子則好比是太陽周圍的行星。所以，對原子結構的這種描述方式通常也被稱為「原子行星模型」。電子是繞原子核在確定的軌道上運動的，這個概念在現在的理論看來只是有限有效的，已被量子力學的機率分布概念所代替，但由於它的直觀性，現在仍然常用軌道這個術語來近似地描述原子內部電子的運動，用作對原子結構的一種粗淺說明。

如果我們已經理解了太陽和地球之間的空間關係，構思出原子的「行星模型」似乎就是自然而然的結果，但事實並非如此簡單。

根據牛頓的經典力學，宇宙的萬物之間都存在萬有引力，引力的大小和物體的質量以及相對距離有關，物體質量越大，或者相對距離越小，引力就越大。

然而，萬有引力並不是很顯著，比如一個蘋果和一個橘子放在一起，它們並不會因為引力而相互靠近。只有當質量達到天體水準時，才會產生明顯的效應，所以蘋果和地球會相互靠近，樹上的蘋果成熟後便會掉落下來。牛頓的重要貢獻，就是他透過縝密的數學計算證明，地球以及各大行星與太陽之間都存在著強大的引力，在引力的作用下，行星和太陽會圍繞著系統的質心做圓周運動。

17 世紀時，地心說和日心說的爭論還在持續，牛頓提出的這些觀點，在基礎上也聲援了地心說。如果兩顆巨大的天體質量相仿，那麼質心就位於兩者的中心，當它們在萬有引力的作用下做圓周運動時，更像是操場上正在進行追逐賽的兩名運動員，只是誰都追不上誰。然而，太陽的質量遠大於地球，在日地系統中，質心距離太陽的中心很近，所以，從遠處第三者的固定視角來看，太陽幾乎沒有偏轉，只有地球在繞著太陽旋轉。

因此，若是以地球為參考，認定太陽繞著地球旋轉也無可厚非，地球就是中心，「地心說」並不荒謬。但是，因為太陽與地球相對運動的本質是萬有引力，而太陽產生的引力作用遠大於地球，這樣來看，地球繞著太陽轉，顯然是更合理的觀點。

正電荷與負電荷之間的吸引力和萬有引力相仿，它的大小取決於帶電體電荷的大小以及電荷之間的距離，電荷數值越高，或者電荷之間的距離越小，那麼帶電物體之間的吸引力就越強。與萬有引力不同的是，電荷之間的吸引力非常顯著，哪怕只是很小的帶電物體，也會產生很強的作用力，這也是玻璃棒可以吸起紙片的原因。電相互作用力取決於電荷，它可以是引力或斥力；而萬有引力取決於質量，它總是相互吸引的，因為沒有負質量的物體。毫無疑問，這時候玻璃棒施加給紙片的電荷吸引力要顯著大於地球施加的萬有引力。

同樣的現象在磁體中並沒有能夠完全對應 —— 磁單極子至今尚未被發現。也就是說，任何一塊帶有磁性的物質，它都是既有南極又有北極，可能並不存在只有南極或只有北極的物質。

儘管如此，電和磁之間還是有著非常密切的關係：當磁體形成磁場時，在磁場中運動的導體棒切割磁場中的磁感應線，導體迴路中的電流便形成了；反之，給螺線管線圈通電，螺旋管圈內放置的鐵棒也會變成像磁鐵一樣。這些現象，如今早已應用在包括發電機、電動機、電磁鐵等各種場景中。

電和磁之間可以相互轉化的特點，早在 19 世紀就已經吸引了很多科學家關注，特別是詹姆士·克拉克·馬克士威（James Clerk Max well，西元 1831 年～ 1879 年）在西元 1873 年發表了自己的著作《電磁通論》（*A Treatise on Electricity and Magnetism*），從理論上將這兩種現象統一起來，也由此奠定了現代電磁學的基礎。

4 無處不在的相互作用力 —— 物質為何能結合在一起

在馬克士威的理論體系中，最為人津津樂道的便是「馬克士威方程組」。西元 1864 年，馬克士威在總結電磁現象的基本實驗定律 —— 庫侖定律與高斯定理、畢奧 - 薩伐爾定律與安培環路定律、法拉第電磁感應定律等，以及引入位移電流的概念基礎上，首先將這些規律歸納為一組看起來有些複雜的偏微分方程。他不僅解釋了電與磁之間的完美關係，更進一步提出了電磁波的存在 —— 這是由電場與磁場相互作用形成的一種波。電磁波在自然界中廣泛存在，任何一種高於絕對零度的物體都會輻射出電磁波，科學家們對於這一現象的研究，將在數十年後引發一場有關物質的大討論，我們隨後就會看到。同樣讓人感到好奇的推論還有，電磁波的運動速度和光一致，馬克士威也因此確信，光實際上就是一種電磁波。毫無疑問，馬克士威電磁理論的建立是 19 世紀物理學發展史上一個重要的里程碑。

電磁波以交變的電場和磁場透過能量轉換的形式在空間中以光速傳播。存在於空間區域的電磁場，電場和磁場既相互依存又相互作用，隨時間不斷變化，因此，這種「場」是一種特殊物質。說它特殊，是因為我們不能憑感覺器官直接感受其存在，而它間接地表現出來的物質屬性，包括能量、動量和質量等，具有不依賴於人的意識而存在的客觀事實。或者說，包括電磁場在內的各種場是物質存在的兩種基本形態之一。另一種物質存在的形式為實物，實物具有靜止的質量，與場既有區別又有關係，並可相互轉化。由於場與粒子有不可分割的關係，一切相互作用都可歸結為有關場之間的相互作用。按照這種觀點，場和實物並沒有嚴格的區別。

儘管電磁學的定量關係已被揭開，但是它們究竟從何而來，又因何會相互關聯，卻仍然毫無頭緒。

在馬克士威研究電磁學的同一時期，對各種物質施加電壓，早已是一種常用的研究方法，很多時候這樣操作會改變化學反應的程式，從而產生新的物質。有科學家發現，如果在一根玻璃管中充入非常稀薄的氣體，壓強接近於真空，然後再對氣體施加電壓，這時候，陰極（負極）有可能會產生一種射線。這種陰極射線，也著實令人困擾，沒有人能夠說明它究竟是什麼。

這一切難題，都在 19 世紀末見到了曙光。

在馬克士威電磁學理論的指導下，越來越多的科學家開始熟練地掌握電磁學方法進行實驗操作。西元 1897 年，約瑟夫．約翰．湯姆森（Joseph John Thomson，西元 1856 年～1940 年）在電磁場下研究起陰極射線來。和當時其他一些人的觀點不同，湯姆森引入了電磁場的裝置，他經過細緻的實驗證明，陰極射線是一種帶電的粒子流，並根據實驗引數推算出了這種粒子的比荷（即單位質量的電荷）。

透過這個實驗，湯姆森最終證明，這種微觀粒子所帶的電為負電荷，並將這種粒子稱為電子。後來的實驗顯示，微觀粒子所帶的電荷是量子化的，即在自然界中，電荷總是以一個基本單元的整數倍出現，這個特性叫做電荷的量子性。電荷的基本單元就是一個電子所帶電荷量的絕對值，稱為元電荷，用 e 表示。1910 年～ 1917 年，美國物理學家羅伯特·安德魯斯·密立根（Robert Andrews Millikan，西元 1868 年～ 1953 年）應用油滴實驗方法，精確地測量基本電荷 e 值，證明電荷量子性，獲 1923 年度諾貝爾物理學獎。基本電荷 e 的測定，為電子論的建立提供直接的實驗基礎。

電學現象和電子有著直接的關係。比如說，當我們在整體層面上觀察到玻璃棒和紙片相互吸引的現象，實際上就是因為在個體層面上，這種粒子發生了轉移。湯姆森進一步推測，電子來自於物質的原子內。這個觀點在當時多少有些離經叛道，因為原子最初的定義就是「不可分割」的最小微粒。與此同時，因為元素週期律而聲名大噪的門得列夫也堅信原子是物質最小的單元，這也讓學術界的這場辯論更加熱烈。電子的發現打破了原子不可分的經典的物質觀，推開了個體世界的大門。

湯姆森成了這場論戰的贏家，電子的確是原子的一部分，很多化學反應的原理由此被揭露，我們還將在後面繼續講述。現在的問題是，電和磁之間的連結又是怎麼形成的呢？

又經過 20 餘年的探索，在對電子運動狀態的研究過程中，有人猜測，電子可能接近於帶電的球狀粒子（或陀螺），這只是一種直觀的影象。構成物質的原子、分子中每一個電子都同時參與兩種運動：核外電子繞原子核的軌道運動，電子本身的自旋運動。電子在運動的同時，自身也會發生旋轉，也就是自旋。自旋有順時針，也有逆時針。當電子發生自旋時，它就成了一個有磁性的小粒子，用一個圓電流回路來等效，那麼它同時在其周圍產生磁效應，就像滑冰場上的舞者在高速旋轉時也會在身邊產生氣流一般。如果一群電子的自旋方向相同，那麼它們產生的磁場就會得到加強。反之，如果電子自旋隨機發生，相反方向自旋的電子就會抵消各自的磁場，磁場就會被削弱。這個等效的圓電流叫做分子電流。或者說，分子電流是分子或原子中自由電子運動所形成的電流。分子電流假說由法國物理學家安德烈 - 馬里 · 安培（André-Marie Ampère，西元 1775 年 – 1836 年）首先提出，因此，分子電流也稱安培分子電流或安培電流。儘管在後來更為成熟的理論體系中證明這樣的研究相當草率，甚至還有很嚴重的錯誤，比如電子被視為球形帶電粒子就存在爭議。但是不管怎麼說，自旋是許多個體粒子和原子核的屬性之一。電子自旋這種現象已被實驗證明存在，相當於其固有的角動量，而它也的確是影響磁場的根本原因。就像我們不能用軌道概念來描述電子在原子核周圍的運動一樣，也不能把經典的帶電小球的自旋影象硬套在電子的自旋上。例如，要理解原子中的電子，進一步說明原子光譜的某些特徵，還需要一個自旋量子數等，這是量子物理學的理論部分。

自此，我們不難理解，日常生活中的各種電磁現象，它們的真實載體就是每一個原子中都存在的電子。當小小的電子團結在一起時，產生的電磁作用力可以大到驚人。就說暴風雨襲來時夾雜的閃電，實際上就是因為雲層在翻滾時，電子發生了遷移 —— 電子減少的區域帶有正電，而電子增加的區域則帶有負電，當它們累積到一定程度時，巨大的電壓又會讓電子一瞬間回到原位，釋放出大量的電能，並引發閃電周圍巨大的磁場變化。

實際上，對於物質世界而言，電磁作用力就像萬有引力一樣普遍，它不只是表現在我們看得到的這些現象，更表現在每個原子的內部。

原子的結構

在揭曉電磁力如何在原子層面上發揮作用之前，首要的難題是要搞清楚原子究竟是怎樣的結構。否則，如果我們無法確認原子內以及原子之間的電荷分布，自然也就無法分析這些電荷之間如何關聯。

湯姆森在發現電子之後，隔年就提出了一種想像中的原子結構，史稱湯姆森模型，也叫葡萄乾布丁模型或西瓜模型。據說，有一天湯姆森在吃早餐的時候，還在思索著原子的結構問題，突然看到了餐桌上的葡萄乾布丁，一大塊布丁上嵌著一些葡萄乾，深受啟發，於是提出了一種可能性：原子就是一個帶有正電荷的大球鑲嵌了一些負電荷的小電子。

這個故事一看就是牛頓被蘋果砸到以後想到萬有引力的翻版，但它說的多少也有幾分道理，儘管當時還沒有任何實驗可以證明這個想法，卻也很快就被科學界所接受。

當然，人們之所以會認可，除了科學方面的原因，也有一部分原因是湯姆森當時在科學界的地位。

在英國劍橋大學，有一座非常了不起的實驗室，由大科學家卡文迪許的家族親人於西元 1871 年捐助建立，從建立至今一直都是物理學的聖殿，尤其在揭示物質世界奧祕這方面做出了不可磨滅的貢獻，並在百年的時間內產生了 20 多位諾貝爾獎得主。馬克士威是該實驗室的建立者。湯姆森年少成名，不滿 30 歲就擔任了這座實驗室的主任。所以，當湯姆森發現電子並提出原子模型之時，差不多可以說，當時全世界沒有任何一個人比他更懂原子。

身處科學高地的他也廣納賢才，其中有一位年輕人更是從遠在南半球的紐西蘭慕名來到他的實驗室擔任助手。這位助手名叫歐內斯特·拉塞福（Ernest Rutherford，西元 1871 年～ 1937 年），湯姆森發現電子的那個時期，他剛好在卡文迪許實驗室裡學習。

事實證明，拉塞福是一位不世之材。他在學習期間，對放射性現象的研究令湯姆森刮目相看，這部分研究也成為他日後重大發現的契機。實際上，僅僅在湯姆森西元 1906 年因為發現電子而獲得諾貝爾物理學獎後的兩年，拉塞福就因對元素的衰變以及放射性方面的研究而獲西元 1908 年度諾貝爾化學獎。他在西元 1899 年及其之後的這些發現也鞏固了湯姆森的觀點：原子之中還存在更個體的結構，可以再分，而放射性就是原子衰變出更小微粒的過程，同時還會伴隨發射出一些電磁波。

這些發現，也刺激了拉塞福進一步思考原子的結構問題，他猜想放射線說不定可以用來驗證湯姆森的原子模型。

幾乎就在同一時間，日本科學家長岡半太郎（Nagaoka Hantaro，西元 1865 年～ 1950 年）提出了一個很離奇的觀點。長岡半太郎曾經前往歐洲參加過物理學大會，在聽過湯姆森的報告後，也開始思考原子的結構問題。因為受到土星環的啟發，他就猜想原子有沒有可能也有一個核心，而電子在核心外繞著飛，就像土星環上的那些岩石繞著土星旋轉？

土星和土星環之間的吸引力是萬有引力，如果原子也是這樣的模型，那麼核心和電子之間的吸引力就應該是電磁作用力。擅長數學的長岡半太郎經過複雜的運算後發現，這種結構居然是可以穩定存在的。於是，他在西元 1905 年發表了一篇論文，公開了自己的研究結果，提出一種核模型。他認為，原子是由電子繞帶正電荷的粒子組成的。

拉塞福看到了這篇論文，但他並沒有立即回應。

幾年後的西元 1911 年，拉塞福終於設計出那個徹底影響人類物質觀的重要實驗 —— α 粒子散射實驗，以證明到底哪一種原子模型是正確的。

在這個實驗中，拉塞福用一個 α 粒子發射源對著金箔進行照射。α 粒子的本質是氦原子核，帶有正電荷，而湯姆森此前研究的陰極射線也被稱為 β 射線，本質上是電子流。這兩種粒子是拉塞福於西元 1899 年發現放射性輻射中的兩種成分，並加以命名的。此外，還有一種不帶電的 γ 射線，本質上是一種電磁波。這 3 種射線，都是放射性物質放射出的常見射線，拉塞福對他們早就瞭然於心。

如果湯姆森的觀點正確，按照拉塞福的預測，帶有正電荷的 α 粒子在撞到正電荷的原子實體時，大概就像是子彈打到牆上一樣，子彈會貼上去，但也說不定會打下點什麼碎片。

但是，最終結果卻讓拉塞福大吃一驚：絕大多數 α 粒子都如入無人之境一樣，直接穿透了金箔，甚至都沒有明顯的減速。但是，也有少部分粒子的運動方向發生了偏轉，還有極少部分的粒子被彈了回去，方向徹底發生了 180°大逆轉。

這會是什麼原因？

儘管不可思議，但拉塞福還是欣然承認，他的老師錯了，長岡半太郎的推測是正確的。只有當原子存在正電荷的原子核、且原子核的尺寸極小時，才會出現實驗中的這個結果：金箔很薄，最薄時不過只有幾百個原子厚，而原子內部絕大部分都是空的，所以 α 粒子什麼都不會碰到，直接就撞出去了。不過，也有一些α粒子剛好接近到了原子中心的原子核，因為α粒子和原子核都帶有正電荷，兩者相互排斥，有些粒子就會因此偏轉方向。如果剛好從正面撞向原子核，就會因為強大的排斥力而被彈回來。

就這樣，拉塞福實驗發現了原子核的存在，從而推翻了湯姆森的原子模型，在長岡半太郎假說的基礎上，重新建構起一套新的系統，並命名為原子結構的「行星模型」。拉塞福實驗驗證原子核的存在，被譽為物理學史上「最美的十大經典實驗」之一。對於自己學生的這個做法，湯姆森絲毫沒有感到難堪，甚至在自己從卡文迪許實驗室卸任時，還力主由拉塞福接任。

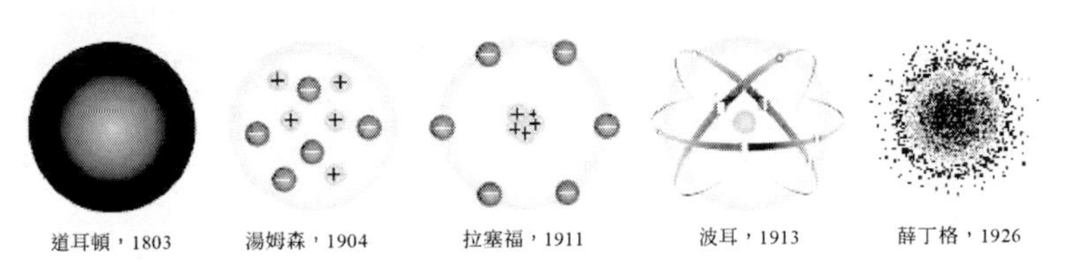

原子模型的演變

不過，相比於長岡半太郎的土星環模型，湯姆森模型也並非一無是處。湯姆森對原子的特性非常熟悉，因此在他的葡萄乾布丁模型中，電子會按照特定的數目進行排列，這樣就可以滿足「化合價」的需求。對此，拉塞福不僅進行了繼承，還進一步發展了這個模型，簡單而形象地勾勒出原子

的性質。到如今，出現在中學化學課本上的「原子模型」，其實就是拉塞福的傑作。這倒不是說拉塞福的模型就足夠完美，我們下一章還將說到，拉塞福模型中存在一個致命的漏洞，但它毫無疑問是最有助於理解原子結構的一種模型。

不僅如此，這種原子模型也更好地闡釋了元素週期律的原理，並且根據週期律，我們可以弄明白原子之間是怎樣結合在一起的。

原子之間的電磁吸引力

當門得列夫繪製元素週期表的時候，他只是按照原子量排列出已知元素——所有的元素被排列成一個矩陣，每一橫排都有 8 個元素（門得列夫原始表格中的橫行與豎列與後來的元素週期表相反，並缺少了氦、氖等惰性氣體，此處按照現代元素週期表的格式描述），一個橫排被稱為一個「週期」，一個豎列則被稱為一個「族」。

在一個週期內，所有的元素都具有不同的特點，相鄰的兩個元素會發生漸變。比如從排在 11 位的鈉元素到排在第 18 位的氬元素，全都排在第三行，是同一個週期，被稱為第三週期。第三週期的這些元素，就滿足漸變的特徵。

鈉和鎂相鄰，它們都是活潑性非常高的金屬：金屬鈉扔在水裡，就會發生非常劇烈的反應，產生大量的氫氣，而氫氣是一種可以燃燒的氣體，要是反應不受控制，說不定還會

因為溫度過高而爆炸；金屬鎂雖然不會和冷水發生反應，但是放在熱水裡，它也一樣會產生大量的氣體。

排在鎂後面的是鋁和矽，從偏旁就可以看得出來，鋁是一種金屬，而矽卻是非金屬。鋁也很活潑，可是相比於鈉和鎂來說，就要差遠了。它和水之間的反應很慢，只有在和水蒸氣接觸的時候才會發生劇烈的反應。至於矽，它就很難和水直接發生反應，又要比鋁差了一些。

除了這些反應活性的差異，更直接的漸變在於，這些元素在參與形成分子的時候，化合價也會依次升高。鈉的化合價是 1，鎂是 2，鋁是 3，矽是 4……就像是音符一樣。事實上，在門得列夫之前，就有一些科學家提出了元素週期律的雛形，其中有人就是按照音符的規律進行了排列。

的確，當每一週期的元素終結之後，開啟新的週期時，又會出現同樣的規律。比如第四週期由鉀元素開始，它和鈉非常相似，也會和水劇烈反應，而且化合價也是 1；鈣的活性比鉀低一些，而化合價就是 2，和第三週期的規律非常相似。

如果按照豎列的方向，那麼鈉和鉀排在同一列，屬於同族，鎂和鈣也在同一列，也是同族。不難看出，同族的元素非常相似，它們有著十分接近的化學性質，更重要的是，它們的化合價都相同。

門得列夫儘管設計出了「週期」和「族」的元素分類方法，可他始終無法對此進行解釋，只因為他根本不相信原子還有更個體的結構。而當拉塞福提出原子模型的時候，門得列夫已經仙去，他最終也未能等來這個問題的答案。

事實上，拉塞福的解決思路非常巧妙。在他設計的系統中，原子核就好比是太陽系中的太陽，所有的電子都沿著特定的軌道繞著原子核旋轉。靠近原子核的最內軌道，只能容得下兩個電子，所以在元素週期表上，第一週期也只有兩個元素，分別是氫和氦，它們的電子數量恰好也就是 1 個和 2 個。

在第一層排滿了之後，電子就開始進入到第二層。在此之後，不管哪一層是最外層，它最多都只能有 8 個電子，門得列夫畢生未能破解難題，就隱藏在這個奇妙的數字中。

理論上說，一種元素的原子最外層有多少個電子，那它就是第幾族，化合價也是同樣的數字。比如鈉，它的最外層有 1 個電子，所以它排在第 I 族，化合價也是 1，由此推算，鎂的最外層排了 2 個電子，那它就是化合價為 2 的第 II 族。

也就是說，只要知道了電子的排列方式，很容易就能弄明白化合價的來歷。

那麼，鈉的化合價為 1，實際的含義又是什麼呢？

原來，當電子在鈉原子核的外圍旋轉時，最外層的電子只有保持在 8 個時（第一層是兩個電子），才會保持穩

定。因此，對鈉原子來說，它最外層的那個電子就有些尷尬了 —— 它顯得有些多餘。

於是，鈉原子就採取了一個最有效的策略，隨時丟掉那個累贅的電子，形成穩定的結構。正如我們此前所說，當鈉原子丟掉一個帶負電荷的電子後，那它自身就變成了帶有一個正電荷的鈉離子。由此看來，所謂的化合價為 1，實則就是鈉離子的一個正電荷。

這樣的規律也的確展現在鎂和鋁上。鎂的最外層有兩個電子，脫落兩個電子的難度顯然比脫落一個更難，所以要想讓它變成帶有兩個正電荷的鎂離子，自然也更不容易。於是，鎂的活性就要比鈉要弱一些，以次類推，鋁又比鎂更弱一些。

不過，當這個規律繼續延伸，一直推到排在第 17 位的氯元素時，情況又有了新的不同。

氯的最外層有 7 個電子，它在結合成分子的時候，最高的化合價也的確就是 7，但是在大多數時候，它的化合價卻只有 1 而已。原來，氯和鈉採取了一個完全相反的策略。對它而言，想要把 7 個電子全部脫落自然是極其困難，但是，如果在 7 個電子的基礎上再多湊 1 個電子，很容易就能滿足 8 個電子的穩定結構了。因此，通常情況下，氯都會再多獲得一個電子，變成帶有一個負電荷的氯離子，化合價也就是 1 了。

這樣一來，原子之間到底怎麼結合的問題也就很好解釋了。

比如鈉和氯相遇，它們會發生化學反應。鈉原子傾向於脫落一個電子，而氯離子傾向於得到一個電子，雙方各取所需，於是形成了正電荷的鈉離子和負電荷的氯離子。這時候，異性相吸的電磁作用力也開始發揮效力，兩個帶有相反電荷的微粒緊緊地靠在一起，形成了氯化鈉（NaCl）。氯化鈉也就是生活中常見的食鹽的主要成分。

在實際過程中，參與反應的原子不會只有一兩個，而是數以兆計。當無數個鈉離子和無數個氯離子相遇時，它們就會彼此交錯地堆積起來，每一個鈉離子的周圍都是氯離子，同樣，每一個氯離子的周圍也都是鈉離子。雖然每一個離子能夠產生的作用力都很微小，但是因為這樣的離子實在是太多了，它們產生的結合力就非常驚人。如果我們從廚房找出幾粒粗鹽，想要把它們研碎 —— 千萬別嘗試「摧心掌」之類的武學祕籍去和它硬碰硬，它銳利的稜角足以把手上的皮膚割破。

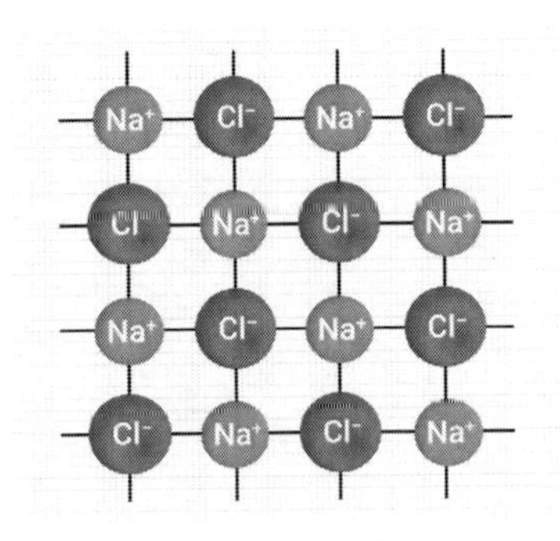

氯化鈉模型

正因為這種結合力是靠著電荷的電磁吸引力實現，所以電荷越大的離子，就可以實現特別強大的效能。比如地球上普遍存在的氧化鋁（Al_2O_3）主要成分就是正電荷的鋁離子和負電荷的氧離子，其中鋁的化合價是 3，而氧的化合價是 2，它們之間的吸引力遠比氯化鈉更強。結果，想要把它們分開可就太難了。在地球上，天然形成的氧化鋁，硬度極高，是紅寶石和藍寶石中的主要成分。如果想要把這種物質從固體熔化成液體，就需要升到很高的溫度才可以，否則不足以打破鋁離子和氧離子之間的吸引力，氧化鋁也就無法流動起來。

可見，不同的原子可以靠著電磁作用力相互吸引，結合成更大的結構。然而，回到我們第 3 章的那個問題，相同的原子又該如何結合呢？回答這個問題，我們將會領略更普遍存在的物質作用力。

同性因何不相斥？

異性相吸而同性相斥 —— 這是最樸素的電磁學理論告訴我們的現象。

然而，當科學不斷發展之際，卻有很多新的現象讓人感到奇怪。比如，我們都知道，原子核與電子分別帶有正電荷與負電荷，它們因為電性相反而吸引，於是電子繞著原子核轉。與此同時，我們還知道，原子核是由正電荷的質子與不帶電的中子結合而成，在那麼細小的結構中，都是正電荷的質子又是怎樣結合在一起的呢？

現代物理學證明，在非常近的距離下，質子之間還有一種被稱為「強相互作用」的力，是它將多個質子鎖定在一起。這種力我們在日常生活中絕對感受不到，因為它只在原子核那麼大的空間裡發揮作用。甚至當原子核變得更大一些，比 82 號元素的鉛原子核更大時，強相互作用力就因為作用距離太遠而消失殆盡。於是質子與質子之間相互排斥的

電磁作用力占據主導，原子核就傾向於裂開成小一些的原子核 —— 這就是核分裂的過程。反過來，當氫原子核靠得足夠近時，強相互作用力會讓這些原子核發生融合，核融合就發生了。

對原子核的研究還發現，在極短的距離下，還有一種弱相互作用力，它和強相互作用力一道，左右著原子核乃至更小微粒之間發生的很多行為。這兩種作用力，和我們早已熟悉的萬有引力以及電磁力一道，被稱為物質世界的四大基本作用力，物質就是靠著它們組織在一起。

不過，物理學家對於這個觀點仍然不滿意，很多人堅持認為，四大基本作用力應當被統一起來，它們有著一樣的本質。經過不懈的努力，弱相互作用力和電磁作用力已經得到了統一，而強相互作用力也取得了一定的研究進展，只有萬有引力顯得特立獨行。

如果把眼光拉回到我們的生活中，不難發現，強相互作用力與弱相互作用力的距離實在太短，我們用不到；而引力雖然無處不在，但它的作用係數實在太小，能夠讓我們產生切身體會的，也就是地球自身的引力 —— 若是觀賞海邊大潮，倒是可以親眼看到月球引力的影響。

這樣一來，電磁作用力就成了我們生活中最普遍存在的一種作用力，某種程度上說，也可以說是影響面最廣泛的一種力，因為原子之間的各種作用力也都以此為基礎，是它讓我們身邊的物質世界發生著各種變化。

然而，有很多氣體單質，比如氫氣、氧氣、氮氣，它們都是由相同的原子結合在一起——它們本應該具有相同的電性，為何沒有同性相斥呢？正如我們在上一章所提到的，「分子」學說之所以被冷落了半個世紀，主要就是因為這一點矛盾。

19 世紀初，就在原子論剛剛被提出來的時候，雖然科學家對原子結構的研究還為時尚早，但是當時一些科學家還是憑經驗領悟到了原子結合過程的內涵。這其中，最有影響力的莫過於瑞典科學家永斯·雅各布·貝吉里斯（Jons Jakob Berzelius，西元 1779 年～ 1848 年）提出的電化二元論，這種理論敏銳地指出，不同的原子能夠結合，就是因為能夠形成不同的電性，就像上面講到的氯化鈉那樣。在不知道原子結構的前提下就能夠做出這樣的論斷，的確很了不起，它也有效地解釋了很多物質為什麼會存在。

然而，隨著分子學說被重新提起，特別是氫氣這類由相同原子結合起來的分子被證實是真實存在的，電化二元論開始走向破產，可新的理論卻又遲遲沒有建立——這些簡單分子引起的學術爭論，直到 20 世紀中期才被平息。

電化二元論說對了一半。

4 無處不在的相互作用力 —— 物質為何能結合在一起

像氯化鈉這樣的一些物質，從現在的觀點來看，已經不能被稱作「分子」。正如前面所說，它們是由原子首先變成離子，再由無數個正離子與負離子交錯搭建，不是亞佛加厥猜測的「小團體」模式。實際上，儘管我們稱之為氯化鈉，用 NaCl 這樣的化學式去指代它，但是在食鹽中我們根本找不到只由一個鈉和一個氯結合起來的「分子」。如今，我們通常用「離子化合物」來稱呼這類物質，一眼就能知道它們的特徵。

而當電化二元論被用來解釋更多物質的時候 —— 比如水 —— 就誇大了電荷吸引力的程度。

水分子是由兩個氫原子與一個氧原子構成，其中，氫的最外層只有 1 個電子，而氧的最外層有 6 個電子。可以猜到的是，氫更容易失去電子形成正離子，而氧容易得到電子變成負離子，於是它們異性相吸，正負結合。

但是，氯離子和鈉離子之間的作用力，可以讓氯化鈉直到 800 攝氏度時才會熔化。水在常溫下卻是液態，儘管它的存在還有固態（冰）和汽態（水蒸氣）的聚集狀態，但無論怎麼看，水都不像是由離子聚集而成。

隨著原子結構越來越清晰，「化學鍵」的概念被提了出來。它是分子或原子團中兩個或多個原子（離子）之間因強烈的相互吸引而結合在一起的作用。對於水分子這樣的結構，也有了更可靠的解釋。價鍵理論就是關於化學鍵的基本理論，它也可以用來解釋元素的化合價。這是瓦爾特・海因里希・海特勒（Walter Heinrich Heitler，1904 年～ 1981 年）和弗里茨・沃爾夫岡・倫敦（Fritz Wolfgang London，1900 年～ 1954 年）於西元 1927 年用量子力學處理氫分子所得結果的推廣和發展。

原子與原子之間的作用力，就像是無形的鎖鏈將原子扣在一起，而「鍵」的本意就是「鎖」，因此，把這種作用力稱作「化學鍵」實在是太契合不過了。

像氯化鈉這樣的物質，它的化學鍵實際上就是正負離子之間的靜電引力產生的，所以被稱為離子鍵。在 NaCl 這樣的鹽類晶體中，可以很容易找到離子鍵。除了離子鍵，還有一種被稱為「共價鍵」的化學鍵，它是電磁作用力的另一種表現形式。共價鍵就是兩個原子結合時，透過共享電子對而形成的化學鍵。

共價鍵的形成過程，是兩個原子相互接近時，不需要發生極端的電子遷移，而是以共享電子的形式結合在一起。這樣一來，所有參與的原子都可以形成 8 個電子（或兩個電子）的穩定結構。就說氫氣吧，兩個氫原子各有一個電子，它們結合在一起就有了兩個電子，它們同時繞著兩個氫原子旋轉，於是每個氫原子都有了穩定的結構。

打個比方，離子鍵就像是借貸關係，鈉的電子借給了氯，它們從此連結在了一起；共價鍵則好比是夫妻關係，各自拿出一部分電子作為共同財產過日子，如膠似漆。

像氧這樣的原子可以形成兩個化學鍵，所以當氧和氫碰到一起時，就需要兩個氫原子才能和一個氧原子結合，這才有了水分子。

透過化學鍵的形式，形形色色的原子都可以連線在一起，而它的本質卻仍然是以電子為載體的電磁作用力，和我們在宏觀層面上看到的玻璃棒吸引紙片有著莫大的相似性。西元 1938 年，萊納斯 · 卡爾 · 鮑林（Linus Carl Pauling，西元 1901 年～ 1994 年）出版了《化學鍵的本質》（*The Nature of the Chemical Bond*），完整地闡述了這些觀點。這部作品引起了巨大的轟動，終結了物質在原子層面如何連線的世紀之爭，也成為西元 1954 年榮獲諾貝爾化學獎的重要依據。

也正是對化學鍵有了足夠的了解，我們可以操控原子，讓它們按照理想的結構進行排列。然而，我們怎樣才能對原子施加這些力？

人不吃飯就沒有力氣，這個道理對所有的物質都成立，因為我們需要耗費能量才能進行各種操作，而物質和能量本就是一體的。下一章，我們就來說說它們之間的關係。

5 永不消失

—— 物質和能量是怎樣轉化的

奇妙的等式

西元 1945 年 8 月 6 日和 9 日，兩枚原子彈分別落在了日本的廣島和長崎，數十萬人當場喪命，在後來的幾十年裡，因為核輻射而遭受身體與心理雙重傷害的人更是不計其數。幾天之後，日本天皇宣布無條件投降，第二次世界大戰至此落幕。

在人類的歷史上，戰爭與和平一直是最重要的議題之一，戰爭烈度的不斷更新，也在刺激著科學技術的飛速發展，原子彈更是用血淋淋的事實證明了這一點。

多年以後，隨著「曼哈頓工程」的各種細節不斷解密，人們得以串聯起 20 世紀上半葉的很多歷史瞬間，從而逐漸明白，除了在戰爭方面的巨大影響外，原子彈成功被引爆，也重新整理了人類的物質觀。科學本無善惡之分，如何利用科學為人類謀幸福才是科學的真諦。

我們已經知道，在太陽內部，核融合已經持續了至少

45 億年。所謂核融合，就是輕原子核聚合變成較重的原子核，同時釋放出巨大能量的過程。原子核劇烈撞擊並融合的過程，以氫和氦的融合為起點，新的元素因此源源不斷地生成，我們此前已對此過程有所了解。原子彈所用的原理與之相反，被稱為核分裂，就是原子核分裂為兩個質量相近的核（裂塊），同時釋放出中子的過程。較大的原子核在此過程中會分裂成更小的原子核，在此過程中也會生成新的元素。

核分裂可以用於製造原子彈，而在原子彈首次得到應用的九年後，以核融合為原理的氫彈也試爆成功了。這兩種核彈，背後都離不開一條重要的公式：$E = mc^2$。公式中的 E 代表能量，m 是物質的質量，c 代表光速。這條美麗的公式最初由愛因斯坦於西元 1905 年提出，通常被稱為「質能守恆」。

5 永不消失 —— 物質和能量是怎樣轉化的

理論上說，當一種物質消失的時候，它的所有質量都會轉化為能量，並且總能量可以由「質能守恆」計算得到。只看這個公式，它似乎是在說：如果我們找到一塊木頭，又挖出一塊煤球，它們剛好都是 1 公斤。儘管木頭和煤炭的成分不同，所含的各種原子數量也不同，屬於不同的物質。然而，它們具備相同的質量，也就蘊含著相同的能量。

直觀來看，這是有違常識的。就像木頭和煤球，如果用來給爐子加熱，煤球可比木頭耐燒多了，顯然，煤炭富含更多的能量。

然而，當我們以更普遍的角度來看待「能量」的時候，就會理解愛因斯坦的世界觀，也能更深刻地知曉物質的規律。

200 多年前的 18 世紀，以法國為中心，上演了一場有關「燃素」的辯論。這場規模盛大的辯論，幾乎吸引了當時所有最出名的自然科學家，特別是諸如法國的安托萬 - 羅倫 · 德 · 拉瓦錫（Antoine-Laurent de Lavoisier，西元 1743 年～ 1794 年）、瑞典的卡爾 · 威廉 · 席勒（Carl Wilhelm Scheele，西元 1742 年～ 1786 年）、英國的約瑟夫 · 普利斯特里（Joseph Priestley，西元 1773 年～ 1804 年）等一些頂尖化學家。所謂「燃素」，當時認為，它是一種支撐物質燃燒的過程中存在的「元素」，燃燒時燃素以光和熱的形式逸出，物質的質量在燃燒之後一般也減少了，因此燃素好像也有質量。當一種物質含有燃素時，它就可以燃燒，而當燃素被脫除後，它便不再能夠燃燒。

以後世的眼光看，如此眾多的科學家齊聚一堂，只為研究燃燒的過程，這多少有些小題大做。在物質科學史上，很多故事都是這樣，20 世紀的量子科學也只是從「黑體輻射」這個現象開始的。

儘管後來遭到批判，然而誕生之初的「燃素說」，相當程度上卻是合理的，因為它符合我們觀察物質的第一視角。就像前面說到的木頭和煤球，要想理解同樣質量的煤球為何能夠在燃燒時釋放出比木頭更多的熱量，那麼只要做一個想像實驗，想像其中蘊含某種可以燃燒的元素，煤炭所含的燃素比木頭更多，那麼這個問題就迎刃而解。

不僅符合觀察結果，燃素說甚至還有其進步之處。世界上可以燃燒的物質很多，它們的形態各異，燃燒時的狀態也不盡相同，而燃素理論將燃燒的現象歸納為更普遍存在的化學反應，有助於解釋整個物質世界的一般規律。

只是在解釋更多的現象時，這一理論出現了矛盾。

舉個例子，燃素說的支持者注意到，木頭和煤炭燃燒之後會變輕，這似乎可以理解成燃素溢出後的結果；然而，有一些金屬也會燃燒，並且它們燃燒後的質量是增加的，這實在令人匪夷所思。

對於這個現象，燃素說的理論家們提出了一個足以讓燃素說壽終正寢的荒誕推論：燃素可以是負質量的物質。也就是說，有些物質在燃燒之後，其質量不降反增，是因為它們在這種情況下釋放出了負質量的燃素。

這種自相矛盾的說法，令包括拉瓦錫在內的很多科學家下決心進一步探索。拉瓦錫最終證明，物質燃燒和動物呼吸的本質是氧化反應，據此駁斥了不正確的「燃素說」。有的物質燃燒後的質量增加，是因為氧氣或其他氧化劑成了燃燒灰燼中的一部分；有的物質燃燒後的質量減少了，只是因為燃燒中產生的二氧化碳、二氧化硫等氣體沒有被收集，實質上它們的質量也是增加的。至此，燃燒氧化說終於取代了錯誤的燃素說。

在此基礎上，拉瓦錫還乘勝追擊，提出了「質量守恆定律」。如今，化學教科書會在最開始就講述他的這段故事 —— 的確，質量守恆定律是支撐化學這門學科最核心的基礎之一。

問題到這裡並沒有結束。事實上，質量守恆定律並沒有解釋所有問題。還是以木頭與煤球為例，如果木頭和煤球在燃燒後，再加上參與反應的氧氣，質量也都沒有發生改變，為什麼它們釋放的能量卻不一樣多？

或者我們還可以思考幾個更簡單的問題：一個鐵球，放在山頂上所蘊含的能量和放在山腳下時一樣大嗎？顯然，我們都知道，山頂上的勢能更大，鐵球蘊含更高的能量，那麼在其他引數都不變的前提下，山頂上的鐵球質量和在山腳下一樣嗎？進一步思考，被壓縮的彈簧，飛出槍口的子彈，它們都各自累積了勢能或動能，是否和此前一模一樣呢？

這些略顯得荒唐的實際問題，或許想破腦袋也不知道從何處著手。

不過，隨著愛因斯坦提出相對論之後，物質世界就發生了劇變，而相對論也是理解這些奇妙問題的絕佳工具。

我們已經知道，光是一種電磁波，麥克斯韋方程描述了它的運動過程。很奇怪的是，如果根據麥克斯韋方程進行計算，光速是不變的。這裡的「不變」，說的是不管觀察者自己的狀態如何，看到的光速都是一樣的。好比說，一道閃電出現，乘客不管是待在站臺還是坐在高速行駛的列車上，他們看到閃電發出的光，速度是一樣的。

如果不是閃電的光而是雨滴 —— 當站臺上人看到雨滴垂直落下時，火車上的人將會看到雨滴向斜後方運動，二人看到的雨滴速度並不相同。看起來，光速不變的特性與我們的常識並不吻合。

然而，儘管這個計算結果這麼離奇，它還是被實驗證明了。西元 1887 年，兩位科學家完成了一次著名的實驗，以至於後人冠上他們的名字，稱之為邁克生－莫雷（Michelson-Morley）實驗。正是這個實驗，證明光速不變是真實存在的規律。

在牛頓力學範圍內，時間和空間的測量與參考系的選取無關，這就是時間的絕對性和空間的絕對性。有了光速不變的實驗基礎，愛因斯坦重新思考了那個火車與閃電的思想實驗。我們都知道，在勻速直線運動中，運動距離 s 等於運動時間 t 和速率 υ 的乘積，即 $s = \upsilon t$。當閃電的光傳遞到移動中的火車上和火車旁靜止的人時，假如閃電發生的那一刻，閃電與兩個人是等距的，但是因為相對運動的關係，兩個人看到閃電的時候，各自與閃電擊中的距離卻是不一樣的。又因為光速相對於兩個人的速度不變，也就是說，在上面那個公式中，s 變了，υ 沒有變，那麼只有一種結果，那就是 t 變了 —— 兩個人的時間不同。更直接地說，運動的那個人，時間相對流逝得更慢，這就是狹義相對論的基本理論。物理規律對所有慣性參考系都是一樣的，不存在任何一個特殊的（如「絕對靜止」的）慣性系，即物理定律對所有慣性系都是等價的。針對牛頓絕對時空觀存在的問題，愛因斯坦建立了物理學中新的時空觀和（可與光速比擬的）高速物體的運動規律 —— 狹義相對論。由於涉及的只是無加速運動的慣性參考系，所以稱為狹義相對論，以區別於後來愛因斯坦推廣到非慣性參考系的廣義相對論，他在那裡討論了加速運動的參考系。

在這個基礎之上，愛因斯坦又進一步思考，得出引力對於時間的影響，也就是在引力很強的位置，時間也會變慢，這又是廣義相對論的基本理論。

根據相對論，可以得出很多推論，其中一條就是質量的變化 —— 運動的物體質量會增加。不僅如此，任何讓物體能量增加的行為，都會展現在質量上。也就是說，理論上講，壓縮的彈簧會比鬆弛的彈簧質量更大。至於質量會變化多少，愛因斯坦透過縝密的計算，得出 $E = mc^2$ 這個公式。

透過這個公式，我們可以得知，當物體的質量消失時，它可以轉化為巨大的能量。但是，因為這個公式中的光速（c）達到了大約每秒 30 萬公里，以至於哪怕只有非常細微的質量變化，都會造成極大的能量變化。而在生活中，就算是炸藥爆炸這個過程，產生的能量已經很大了，可質量變化還是小到根本不能用儀器測量出來。

在愛因斯坦研究相對論的那段時期，人們所知的過程，只有一種有可能出現明顯的質量變化 —— 包括聚變與裂變在內的核反應。這些核反應都會引起質量減少，而它們釋放的能量，比其他任何形式都要大得多。如果把這些反應放到軍事武器中，那可就了不得了。

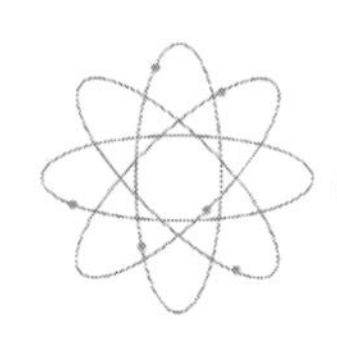

於是，人類史上最大膽的科學研究突破瓶頸計畫在美國出現了，那就是以核反應為基礎製造出原子彈的曼哈頓工程。論證了質能方程的愛因斯坦也應邀參加了這項工程，然而當他知道這項工程的目的後，信奉和平主義的他並沒有繼續下去。

他很清楚，一旦原子彈的研究取得成功，將會造成多大的殺傷力。最後在日本上空爆炸的兩枚原子彈名叫「小男孩」和「胖子」，它們所用的爆炸材料分別是「鈾」和「鈈」。以「小男孩」為例，它所含有的鈾只有區區 64 公斤，和一名成年人體重相當，爆炸後減少的質量更是不足 1 克，但是卻能破壞整座城市。

這樣看來，前面說到的 1 公斤木頭或煤球，如果真的能夠徹底轉化為能量，那麼按照質能方程算下來，會是一個令人恐懼的結果，人類目前也還沒有技術能夠做到這一點。而它們在燃燒時也的確會出現質量變化，只是微乎其微，所以「質量守恆定律」通常還是適用的。

被激發的電子

在物理學中，1905 年被稱為「愛因斯坦奇蹟年」，甚至 100 年後的 2005 年，還專門為此設立了「國際物理年」。因為愛因斯坦在這一年發表的 5 篇論文，每一篇都可以說是開創性的偉大成就。1905 年，愛因斯坦提出的「相對論」可以說是石破天驚，10 年後他又進一步完善，提出了「廣義相對論」，建構出一個完全超乎想像的物質世界。然而，這對當時的人們來說，實在是過於超前了，以至於科學界最權威的人士都不敢貿然判斷他的說法是對還是錯。事實證明，這樣的猶豫是有必要的，就像阿伏伽德羅提出分子理論時，正是因為主流科學界因為不理解而棄之如敝屣，以至於物質科學的發展被大大地延後了。

當時，愛因斯坦的思想遠遠超前於那個時代的所有科學家，除在數學上曾得到馬塞爾·格羅斯曼（Marcel Grossmann，西元 1878 年～ 1936 年）和大衛·希爾伯特（David

Hilbert，西元 1862 年～ 1943 年）的有限幫助之外，幾乎單槍匹馬奮鬥了 9 年。愛因斯坦曾自豪地說：「如果我不發現狹義相對論，5 年內就會有人發現它。如果我不發現廣義相對論，50 年內也不會有人發現它。」到了 1921 年的時候，諾貝爾獎評獎委員會坐不住了，愛因斯坦對科學的貢獻實在是太大了，如果一直不頒獎給他，怎麼也說不過去。

然而，還是有些物理學家不同意這樣的做法，巨大的爭議之下，1921 年的諾貝爾物理學獎出現史無前例的從缺。直到一年後，另一位大科學家尼爾斯・亨里克・達維德・波耳（Niels Henrik David Bohr，西元 1885 年～ 1962 年）獲獎，而波耳獲獎的理由卻與愛因斯坦的其中一項「奇蹟」相關，於是諾貝爾獎委員會順水推舟，以此為由補發了愛因斯坦的諾貝爾獎，填補的是 1921 年度諾貝爾物理學獎的空缺，但是他獲獎的理由卻不是創立相對論。愛因斯坦拿到獲獎的電報時，剛剛從香港到上海的輪船上登岸。

愛因斯坦獲獎的這項工作，就是鼎鼎大名的「光電效應」，它很好地解釋了能量，特別是光這種能量與物質之間的連結。

簡單來說，光電效應指的是光照促使物質形成電流的過程。這種現象如今已經被廣泛地應用在太陽能光電板中：在太空站上，在戈壁灘上，在農村的大屋頂上，到處都可以看到這種裝置。它可以穩定地吸收太陽光中的能量，讓物質中的電子運動起來，形成電流後傳遞到電池中，光能於是以電能的形式被儲存起來，用於驅動各種電器。

早在西元 1887 年，德國科學家海因里希·魯道夫·赫茲（Heinrich Rudolf Hertz，西元 1857 年～ 1894 年）就已經在實驗過程中觀察到光電效應，但是對於這種現象發生的過程，卻沒有辦法解釋。正如第 4 章所說，光是一種電磁波，沒有質量，電子卻是一種有質量的物質，那麼電磁波又怎麼能推動電子運動呢？事實上，在光電效應中，還有很多奇特的現象，科學家們修正了很多物理學理論，依然不能將其中的道理講清楚。

愛因斯坦首先設想，光或許還有「粒子」的特性，像一個個小球，這些小球在靜止的時候沒有質量（靜止質量為零）。正如前面質能方程所計算的結果，運動中的光既然具有能量，那麼它就增加了質量，如此一來，它不就可以對電子產生作用了嗎？他把這種粒子稱作「光子」，並且強調這種光子的能量與光波的頻率相關，頻率越高（波長越短）的光能量越高。這樣一來，這些光子就像切菜一樣，把光的能量分成了一份又一份，所以光子也常被稱作「光量子」，這種思維體系則被稱作量子力學。

這樣一來，光電效應中一些原本看起來很奇怪的現象就能夠被解釋了。比如，用光照射某種材料的時候，如果紫色的光可以產生電流，紅色的光就不能產生電流，那麼，無論紫色的光多弱，紅色的光多強，都不會改變這個結果。

如果認為光波中的能量是由一個個光子承載的，紫色的光頻率高而波長短，每一個光子的能量就大，紅色光與之相反，每一個光子的能量就小。電子就像是落在坑裡的一隻足球，要想讓它滾動起來，就需要有足夠的能量把它從「坑」裡踢出來。紫色的光子能夠做到，紅色的光子卻做不到。紫色光弱，光子的數量少，但也只是踢出的電子少了一些，紅色光再強，光子再多，它也仍然不能讓電子形成電流。

愛因斯坦提出的這個思想，也啟發了波耳對原子結構的思考。

第 4 章提到，拉塞福的原子結構簡單而直觀，但是在描述原子的時候，也存在一個非常致命的漏洞 —— 如果負電荷的電子繞著正電的原子核旋轉，那麼它為什麼不會釋放出能量，直到電子和質子吸引在一起了呢？也就是說，拉塞福行星模型無法解釋原子的穩定性和原子有一定的大小。誠然，拉塞福行星模型存在一定的局限性，但由於其直觀且容易理解，所以在不少情況下，仍用以作為對原子結構的一種粗淺說明。下面講的能級的概念等純粒子性的表述，也是因較為形象和易於計算，至今都在沿用著。

波耳猜測，電子在原子核外的不同軌道上運動，每一個軌道都有各自的「能級」。所謂能級，就像是能量構築的臺階 —— 相鄰的臺階之間，總是有著特定的能量。電子在原子核外運動時，就處於不同的「能級」。如果電子都處於最低的能級時，物質這時的狀態就被稱為基態。而當電子接收到能量後，就會發生躍遷，像是爬樓梯一樣，爬到「激發態」。

所有電子都只在基態上的物質，實際上只存在於理想當中，因為我們找不到完全不攜帶能量的物質。

這樣一來，原子核外的這些電子，吸收的能量也是「量子化」的，它必須要吸收或者釋放特定的能量才會發生「躍遷」。我們知道，地球以外繞轉的那些人造衛星，報廢以後就成了太空垃圾，它們會慢慢地減速，逐漸消耗自身的能量，最後落在地球上。但是，繞轉原子核的電子就不會這樣，因為它不能「逐漸」消耗能量，只是一直在軌道上旋轉。

而當電子要從「基態」躍遷到「激發態」的時候，就像爬樓梯一樣，它也必須每一次都爬升特定的「能級」。光電效應是一種特殊的躍遷，它的能量足夠高，讓電子直接爬到了樓頂，變得「自由」了 —— 就像坑裡的足球被踢出來了一樣。

波耳的這些創造性思想，如今被稱為原子的「波耳模

型」，它也在很多實驗中得到了證明 —— 比如光譜實驗，我們下面還會講到。不過，這種把電子軌道「量子化」的處理方法，也讓物質之間的化學反應得到了解釋。

為什麼有些反應必須要達到了一定的溫度才會進行呢？因為加熱是輸入能量，此時承載能量的微粒也是光子，只是它們處於紅外波段，比可見光的頻率更低，我們肉眼看不到。但是不管怎麼樣，這些光子撞到了電子，讓電子發生了躍遷，進入了激發態，執行的軌道比原來更遠離原子核。當兩個這樣的原子撞到一起的時候，它們就更有機會發生結合，當然，如果已經結合在一起的原子，也會因為這個過程更容易分開。於是，它們在這種狀態下找到各自更契合的原子伴侶，化學反應也就完成了。

實際上，玻爾的這個模型，對愛因斯坦的相對論也是很好的補充。根據計算，因為有些軌道的能級實在太高，電子在這些軌道上繞轉的時候，運動的速度實在是太快了，以至於有些電子的質量比靜止狀態時高出了 20%以上。這樣一來，我們不只是可以窺探核反應過程中質量轉化為能量的原因，還可以計算出來，這些電子與原子核之間的吸引力發生了很大的變化。這種變化效應被稱為「相對論效應」，它可以被用來解釋很多，比如為什麼鎢的熔點那麼高（約 3,400 攝氏度，所有金屬中最高），汞的熔點又那麼低（-38.87 攝氏度，所有金屬中最低），而鋨的密度又會那麼大（22.59 克每立方公分，所有元素中最大）。

必須指出，波耳理論對只有一個電子的氫原子和類氫原子的譜線頻率作出解釋無疑是成功的；海森伯的位置與動量不確定關係表明，玻爾模型不能正確地描述電子在原子中（如多電子原子）的行為，也不能說明譜線的強度和偏振等現象。玻爾假設（玻爾模型）屬於半經典半量子的理論，儘管後來經德國物理學家阿諾·約翰內斯·威廉·索末菲（Arnold Johannes Wilhelm Sommerfeld，西元 1868 年～ 1951 年）等人的修改和推廣，但仍未能擺脫困境。儘管如此，波耳理論的部分成就，促進量子論的發展，在科學史上曾起很大作用。在探索真理的過程中，理論上的缺點是難以避免的。隨著科學探索不斷深入，我們期待有更優的模型超越玻爾的理論。

在 20 世紀的物理學歷史上，愛因斯坦和波耳之間曾發生過一場曠日持久的論戰。不過，他們並不是「敵人」，而是「戰友」，正是他們對相對論和量子力學的探討，讓我們現在對於物質世界有了更清晰的認知。

接下來，我們就來看看，人類是怎麼「看」物質的。

看清物質

物質世界精彩紛呈，我們睜開雙眼就能看到各式各樣的物質。在公園裡，我們可以遠望藍天白雲，也可以欣賞湖面波光，又或是端詳野草怪石，偶遇幾個親戚朋友。所有這一切都是由物質構成的，這一點我們早就知曉，但我們是怎麼辨識出不同物質的呢？

最重要的辨別方式，自然就是看 —— 不同的物質可以發射或反射出不同的光，我們的雙眼正是透過對這些光進行反應，才最終識別出它們是什麼，或者遠遠就認出熟悉的人。

這種作用方式的基礎，就是物質和能量的相互關係，而我們今天能夠藉助的各項儀器，絕大多數也是利用了類似的原理。

這其中，最常用的一種方法被稱為「光譜分析」，此前我們說到從太陽中看到氦元素，其中利用的方法就是透過對其輻射的特徵譜線進行分析鑑定得出的。

光譜，顧名思義就是依光的波長大小排列的譜圖，它是記錄某種物質發射或吸收光波的一種圖案，根據光譜去識別物質，就跟看著樂譜唱出歌曲一樣。

光譜的形式非常多樣，因為物質發生能量變化的方式實在太多了，電子躍遷只是最常見的一種，我們雙眼通常也是根據這一點發揮作用。

比如，當我們去欣賞月季花的時候，五顏六色的花朵屹立在綠葉環抱的枝頭，而我們的眼睛可以真切地看到每一朵花，這就是一種可見光形成的光譜。在這個過程中，觀測裝置是我們的雙眼，而識別裝置則是大腦中的處理系統。

在這些月季花和它們的葉子中，含有很多不同的色素分子。這些分子是由原子構成的，每一個原子中的電子，在吸收光波後，就會發生躍遷。正如前面已經提及的，電子的躍遷必須要遵循一定的能級，是量子化的。所以，當太陽光照射過來的時候，那些能量沒能滿足電子剛好在能級之間發生躍遷的光子，就不會被吸收，通常會直接反射出來。這樣一來，我們所看到的顏色，就是色素分子在吸收過所需光波後剩下的那些顏色。

眼睛本身也是一個能量與物質相互作用的場所。就人眼而言，大多數擁有的視覺系統中都有三種被稱為「受體」的感光結構，它們分別帶有一些物質可以和不同顏色的光發生作用，然後再把訊號傳遞給大腦，大腦由此識別出紅、綠、藍三種顏色。實際上，人類現在絕大多數電子裝置也都是這樣設計的，比如電腦螢幕，也可以發出紅綠藍三種顏色，它們可以按照不同比例，調和成包括白色在內的各種可見光。

如果人類只能看到兩種顏色，那麼我們可以識別的物質將會大為減少 —— 事實上也的確有很多人天生色盲，缺少某種感光成分，對生活產生了諸多不利（「色盲」這種現象最早也是由道耳頓發現的，因此色盲症又有「道耳頓症」的稱呼，道耳頓的實驗水準相對不高，與此可能有一定關係）。

相反，如果感光的成分更多，就會更容易觀察到物質的變化。鳥類和一些爬行動物的眼睛中都有著四種或更多的受體，它們看到的世界也比我們人類更豐富多彩。

不過，在掌握了能量與物質相互作用的規律後，人類用檢測儀器彌補了這些不足。

很多物質的電子躍遷並不在可見光區，也就是說，它們吸收的光是我們所看不到的，於是這些物質在我們看來，要麼就是平平無奇的白色、灰色或黑色，要麼乾脆就是透明的。玻璃就是一個很好的例子，我們偶爾會莫名其妙地撞到玻璃上，就是因為它看上去空無一物。然而，這並不代表玻璃的內部就不存在電子躍遷，只是因為它們吸收的光波非常短，是比可見光頻率更高的紫外光，對可見光卻沒有興趣，所以我們看到的就是像水一樣晶瑩清澈的玻璃。如果我們肉眼能夠看到紫外光，那我們看到的玻璃或許就和青銅器差不多了。

對於這些肉眼根本無法分辨的物質，紫外光譜儀器就可以輕鬆地看出它們的差別，它就是我們眼睛的延伸。

除了紫外光譜以外，還有紅外光譜、拉曼光譜、螢光光譜之類的各種光譜儀，都可以幫助我們看清物質。它們全都是利用了電子在能量作用下發生躍遷的原理。即便只是在可見光區，有很多物質也需要儀器的幫助才能看明白它們的真身 —— 這也正是我們從太陽光譜中找到氦元素的辦法。

再說一下光。從本質上講，我們所說的光指的是可見光，從紫光到紅光區域。廣義上，光不僅是可見光，還包含紅外線和紫外線等。雖然紅外線、紫外線以及在它們波長之外的電磁波均不能引起人眼視覺，但紫外和紅外波段的電磁波可有效地轉換為可見光，利用光學儀器或攝影與攝像的方法可以量度或探測發射這種光線物體的存在，因此，在光學研究領域，光的概念通常延伸到鄰近可見光區域的電磁輻射（紅外線和紫外線），甚至 X 射線等也被認為是光。

但是，能量對於物質世界的影響還遠不止於此，我們的生活，無時無刻不在感受著能量的變化。

物質的狀態

我們已經知道，水有固態、液態、氣態這三種狀態，在溫度條件不同的時候可以發生改變，而液態的水對於地球生命而言非常重要。

物質的狀態和能量有著直接的關係，但它同樣也會受到其他很多因素的影響，比如壓力。在地球海平面，水在 100 攝氏度時會沸騰，液態的水蒸發成水蒸氣；但是到了高山上以後，因為氣壓變低了，水的沸點也會下降，可能 80 攝氏度就沸騰了；要是反過來，用壓力鍋煮開水的話，水的沸點就會增加，一直到 120 攝氏度左右才會沸騰。

如果壓力再大一些的話，液態的水會更難沸騰，甚至直到很高的溫度，水也不會徹底變成氣體，而是形成一種不像水也不像氣的物質 —— 這種狀態被稱為超臨界流體，它具有很多特殊的性質。

有一些物質比較容易出現超臨界流體，二氧化碳就是如此。在地球表面自然的環境下，二氧化碳並不存在液態——如果給這種氣體降溫，會在零下 78 攝氏度的時候直接轉化為固態二氧化碳，也就是我們前面講到的「乾冰」。不過，只要在常溫條件下給它施加很高的壓力，大約是壓力鍋內最高壓力的 10 倍左右，就能獲得二氧化碳的超臨界流體。這種流體的溶解能力非常強，可以被用來提純很多物質，如今已經應用在醫藥、食品等領域廣泛應用。

為什麼流動態的物質——液態的水或超臨界流體二氧化碳——會有如此特別的作用？這還是能量與物質交換的規律決定的。

當外界溫度非常低的時候，所有的物質都有可能凝固。氦是所有物質中熔點最低的，只有不到 1 開，也就是低於 -272 攝氏度。當物質處於固態時，所有的原子就像排隊做操一樣，停留在各自確定的位置上，儘管也會小幅度振動，但是相對位置卻不會改變。

隨著溫度上升，這些原子的振動幅度會持續增加。當然，正如前面所說，能量也會被電子吸收，讓電子躍遷到更高的能級。如果此時的電子躍遷就引發了化學反應，那麼這種物質就不會轉化為其他狀態，而是直接在固態時就分解了。有一種優質的化肥叫碳銨，它的實際成分叫碳酸氫銨（NH_4HCO_3）只要在陽光下照射一會兒，它就會發生分解，變成氨氣、二氧化碳和水，最後什麼固體都不會剩下。所以，這種肥料見效很快，失效也很快，用起來還需要點技巧。

不過，大多數物質還是可以支撐到熔化的時候，熔化時的溫度就被稱為熔點。並不是所有的物質都有熔點，玻璃就是這樣。有固定熔點的物質被稱為晶體，比如冰、鐵、食鹽、石英都是這樣，而像玻璃、松脂、瀝青之類的物質就被稱為非晶體。

如果從原子層面上看，晶體和非晶體的區別就更有意思了。

晶體中的原子排列非常整齊，它們形成了「晶格」，也就是由原子在晶體內部形成的格子。它們之所以能夠排列成格子，也和玻爾設想的原子結構模型有很大關係。當原子外的電子必須按照特定的軌道運動時，那些相鄰的原子也只能採取特定的方向和這些原子相結合。比如水凝固後的晶體是冰，每一個水分子都有兩個氫和一個氧，它們總是會和周圍 6 個水分子相互靠近，規則地圍成一圈。當這樣的圈子越來越大時，冰就會出現六稜的特點。不過，從水結晶成完美的冰需要時間，我們看到冬天的雪花總是六瓣，就是高空中的水蒸氣緩慢形成冰的結果。

當晶體熔化成液體的時候，因為原子的振動幅度加劇，電子躍遷擾亂了原子之間的紐帶，於是這些原子相互之間的位置就會開始發生變化。如果這時候，原子（或分子）之間的吸引力足夠大，大到還可以保持一個整體，那它們就會呈現流動的液體狀態。否則，這些原子各自散開，它就變成了氣態，二氧化碳便是這樣，而這個過程就被稱作昇華。從這個過程，不難知道，物質能夠在很寬的區間內保持液態，並沒有那麼容易。

非晶體的情況要複雜得多，因為各種原因，它沒有能夠形成「晶格」。比如玻璃，製造它的其中一個原材料就是石英，也就是二氧化矽的晶體。當石英熔化以後，會形成非常黏稠的液體，內部的矽原子和氧原子都會偏離原來的位置。此時，如果讓它冷卻下來，因為液體實在太過黏稠，原子無法回到原本的位置，這樣一來，它就像是糖葫蘆下被糖包裹的山楂，保持原本的混亂狀態被「凍」住了。如果石英凝固的時間足夠長，它也可以像水變成雪花那樣完美。在火山和海底，通常都可以找到由石英形成的上佳晶體，它們被稱為水晶。而當石英被用來製造玻璃時，又有鈉、鈣這樣的物質被加入了進去，原子的位置就更加難以歸位，晶格再也不能形成。所以，當玻璃從流動的狀態「凝固」時，我們並不能發現它除了流動性降低以外的變化，如果說它是流動性特別弱的液體，也有一定道理。

固體轉化為液體雖然有很多情況，但液體轉化為氣體的過程卻要簡單很多。實際上，即便液體沒有出現沸騰的狀態，也還是會轉化為氣體，只是速度慢了很多，所以地面上的水會慢慢地變乾。在這個過程中，液體最外圍的那些原子，因為受到的吸引力要小於那些液體內部的原子，結果它們脫離了束縛，就變成了氣體。如果對著液體持續加熱，原子振動幅度加大，就連液體內部原子之間的吸引力都不足以將它們束縛，液體就會完全轉化為氣體。

對著氣體繼續加熱，原子還會繼續發生電子躍遷，直到這些電子就和「光電效應」中的電子那樣，徹底和原子發生分離。這時候的物質，雖然還是氣態，可是組成它的那些原子，卻已經形成了各式各樣的離子。因為這些離子中，正電荷與負電荷大致相等，因此這種狀態也被稱為「等離子態」。它是氣體完全電離後形成的大量正離子和等量負離子所組成的一種聚集態。不停進行著核聚變的太陽，還有雲層撞擊出的閃電，都是天然的等離子態。不僅太陽，還有其他恆星中的氣體也都處於等離子態。這種狀態也有一些特別的效能，電焊時的高亮火光，就是一種人造的等離子態，它可以讓鋼鐵瞬間熔化。

然而，不管怎麼說，液態總是顯得十分特殊：它和固態一樣，原子之間會緊密地結合在一起，但是它同時又和氣態一樣，原子之間的位置可以錯開，具有流動性。

所以，當物質處在液體中時，不同物質之間的能量交換也會最充分。在這顆星球上，海洋中存在著一系列洋流，溫熱的海水與冰冷的海水不斷地交錯流動，由此影響了各種氣候，高緯度的北歐因此能夠適宜居住，而南美洲則出現了海水與沙漠碰撞的場景。如果洋流停止或者倒轉，溫暖的地區可能會突然冰凍，而乾燥的地區會迎來山洪，這對於人類和很多生物而言，都將會是滅頂之災。

我們在乎物質的不同狀態，就是因為它們攜帶的能量。任何物質和能量之間，都有著不可分割的關係。在這個由物質和能量構成的超大系統中，沒有任何物質會真正消失，能量也是如此。

然而，對人類而言，物質的意義遠不止於此，我們還要將它們應用起來，在物質與人類之間形成互動。接下來，我們就來看看那些被人類熟練使用的物質。

6 萬物爭輝

——物質是怎樣為我們所用的

並不只是簡單地混合 —— 金屬與合金

在元素週期表上，金屬占據了 118 個元素中的 94 席。這其中，既有金、銀、銅、鐵、錫等人盡皆知的金屬，也有像釕、鉬、鉭這樣的罕見元素，還包括了諸如鎶、鍩、等一些人造元素。有著如此豐富的種類，金屬元素注定會在物質科學中書寫出濃重的一筆。

一個令人略有些意外的現象是，能夠被廣泛應用的金屬，通常都不是某種純粹的金屬，而是製成一種被稱為合金的物質。這種物質 —— 合金就是由兩種或多種化學元素（其中至少一種是金屬）組成，如二元合金、三元合金和多元合金。它們同樣具有金屬的一些特性，卻能改變純金屬效能的局限性，成為滿足各種不同使用需求的優越效能的材料。

很長時間以來，金屬影響了人類文明的發展。一般而言，進入青銅時代就是步入文明的象徵，如青銅被大量用於鑄造錢幣，進入鐵器時代的文明則開始走向成熟，至於影響深遠的工業革命，更是由鋼鐵支撐起來的。到了晚期鐵器時代，世界各地多已進入有文字記載的文明時代，鐵器工具的使用排除了石器，並促進生產力快速的發展。這裡所說的時代，通常指的是在考古學上的一個年代，如青銅時代一般指的是在考古學上繼紅銅時代後的一個時代。青銅就是紅銅與錫的合金，故亦稱錫青銅。在商代已是高度發達的青銅時代，建立了冶煉青銅的工業。早在西元前 3000 年，美索不達米亞和埃及等地就已進入青銅時代。中國秦、漢以後，除青銅外，還出現一些其他的銅合金。最早出現的銅鋅合金，即普通黃銅。黃銅就是銅鋅合金的總稱。後來又出現白銅，即銅鎳合金。

儘管現代社會已經不再用某個金屬來貼標籤，但這並不意味著金屬不再重要。相反，更多新型的金屬已經派上用場，鋁、鈦、鎂等元素交相輝映，成為生活中不可或缺的金屬材料，很難說到底是哪一種金屬定義了新的時代。

當然，在金店裡，我們的確還可以找到高純度的黃金，其純度即成色，一般以千分率表示。例如，「百足金」指的就是純度（含金量）超過 990‰的黃金，雜質不超過 1%；「千足金」的純度則超過 999‰，以次類推。實際上，冶煉中不可能使其達到 100%，因此，通常把純度 999.6‰以上的稱為足金或足赤。然而，這些高純度的黃金只是象徵著財富，卻並非理想的首飾材料。一方面，純金只會顯示出金色，難免有些單調；另一方面，更為要緊的是，純金實在是太軟了。在技藝高超的金匠手中，黃金首飾可以被打造成精美的鏤空形態，可是戴上這樣的首飾就得十分小心了，萬一撞到、碰到都有可能發生變形，自然也就不那麼好看了。

因此，為了使用起來更加順手，黃金也常常會被製成合金。最初的分割熔合，可能只是為了降低每塊金子的價值，方便交易 —— 畢竟，米粒大的一顆小金珠就能換一大袋米，要是讓它和其他普通金屬熔在一起增加體積，就不會那麼容易丟了。實際上，我們現在還會把純金叫做 24K 金，就是這種方法的孑遺。古代進行黃金交易的人把金屬中不同的組分秤量出等重的 24 份，每一份都是一個 Karat（這個詞同樣也被用在了其他珠寶的交易中，成為寶石的質量計量單位，並且演變成「克拉」。1 克拉等於 200 毫克（1 克拉等於 205.3 毫克是 1913 年前的舊制），其輔助單位是分，1 克拉等於 100 分。為了避免混淆，代表黃金純度的「karat」在英文中寫作「carat」），其中有多少份是黃金，那麼它就是多少 K 的黃金。24K 金就是生活中的一般叫法，如 18K 的飾金就是純度為 18/24，即成色 750‰。如果飾金的成色以「成」表示時，900‰的飾金就叫做九成金。

顯然，這種辦法將黃金分成了 24 個不同的純度等級，數字越高則純度越高。儘管這種「稱金術」在如今早就不實用了，但是 18K 金或 14K 金卻依然常見，它們通常是黃金與白銀的合金。相比於純金，它們的硬度更大，顏色也更多變，雖然價值打了折扣，但是製成的首飾還是頗受歡迎。

黃金是人類使用的第一種貴金屬，世界很多地區都發現了早於當地文明誕生時期的黃金文物。這並非是一種巧合，只是源於物質的本性。

在太陽系形成之後的數十億年裡，地球也經歷了無數次翻天覆地的變化。這裡的「翻天覆地」並非是誇張 —— 無論是氣候環境還是地質結構，在地球上都從未有過須臾的平靜，元素之間也在進行著激烈的碰撞。

我們已經知道，太陽系來源於一顆死亡的巨大恆星，那顆恆星以超新星爆發的形式釋放出各式各樣的元素，其中的一部分構成了地球的主體。早期的地球比現在更燙，到處都是流動的熔岩，這就意味著，密度更大的部分會因為引力的原因沉入底層。

透過現代技術對地球的結構進行探索，結果也的確如此：已經冷卻的岩石覆蓋在外表面，構成了地球的地殼，它雖然很薄，不足地球半徑的 1%，卻是我們賴以生存的地方；仍然保持灼熱的那些岩石形成了地幔，它們更像是一層受熱軟化的蠟燭，不停地蠕動，其中有一部分已經變成流動的岩漿，它也是地球主體的部分；科學家推測，至於鐵、鎳等更重的金屬元

素，就組成了地核，深入高壓狀態下的地球內部。

形象地說，地球就是一顆巨大的雞蛋 —— 薄薄的蛋殼，黏稠的蛋清，中間還有個雞蛋黃。當然，我們還可以採取更精細的分析模式，把地球切分成很多同心球，就像洋蔥那樣剝開一層又一層，甚至給每一層都起一個名字，這在地質學上很有必要。但是在大多數時候，地殼、地幔、地核的劃分就已經足夠。再進一步的話，地核又可分為核心和外核兩部分，外核深度約為 2,900 ～ 5,100 公里，推測為液態；核心深度約 5,100 公里以下至地心。據報導，1970 年，蘇聯科學家超級鑽探工程小組在地球上鑽孔，垂直鑽孔到達了 12,262 公尺深，成為地球上最深的鑽孔。

黃金的密度比鐵大得多，它自然也會隨著地球內部的運動墮入地核之中 —— 以我們當今的技術，根本無力開採這些沉睡在地球核心的黃金。

地球洋蔥模型

所幸的是，地函之中的那些熔岩十分黏稠，它們延緩了黃金沉降的過程。與此同時，元素週期表上排在第 16 的硫元素，在高溫高壓的作用下及時地與黃金結合，以硫化物的形式成為岩石的一部分。

灼熱的地函不停地蠕動，尋找著地殼的薄弱點，就像快要出殼的小雞一樣頂著地殼。忽然之間，地球的某個地方山崩地裂，地震和火山不斷到來，塵土衝上天空，岩漿滾落出來。正是在此過程中，黃金的硫化物也順著岩漿來到地表。地表的壓力驟降，黃金也與硫分離，成為游離態的金屬，與岩漿冷卻凝固後形成的岩石緊緊相抱。

又經過漫長的地質演變，昔日裡堅硬的石頭在雨雪風霜的摧殘下變得鬆動，各種微生物以及苔蘚野草也來湊熱鬧。最終，在這場被稱為「風化」的漫長過程之後，岩石碎裂滾入河谷，又繼續被磨成細小的砂石，夾雜在其中的黃金就這麼留在了河灘之上。地球上主要的黃金產地大多位於河谷地帶，長江上游被稱為「金沙江」也並非是徒有虛名 —— 這裡的「金沙」的確很豐富。

大多數金屬都沒有黃金這麼好的運氣。比如銅，雖然也會和黃金一樣經歷從熔岩到地表的過程，但它和硫之間的結合力太強了，來到地表之後並沒有分離。甚至在經過漫長的風化之後，銅的硫化物也依然堅挺，需要透過一些方法才能

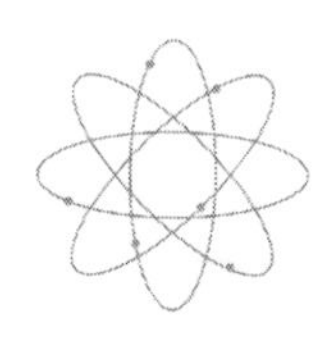

轉化為金屬銅。所以直到今天，輝銅礦還都是冶煉銅的重要原料，它的主要成分是硫化亞銅（Cu_2S）。

鐵和銅的經歷類似，那些有幸沒有落入地核的鐵也以各種方式留在了地表上。自然界中豐富的黃銅礦，其主要成分被稱作二硫化亞鐵銅（$CuFeS_2$），實際上就是鐵與銅的硫化物交織在一起。不過，除了硫以外，鐵還有另一個好夥伴 —— 氧元素。在風化過程中，空氣中的氧氣和鐵結合，形成了更穩定的氧化物。中國南方的土壤呈現磚紅色，正是因為土壤中含有大量的紅色氧化鐵（Fe_2O_3）。

相比於黃金，銅和鐵都不能直接被人類利用，而是需要透過冶煉才能獲得游離的金屬。冶煉的原理並不複雜，只要將銅或鐵從各自的礦石中剝離即可。然而，這需要能量，同時還需要一些成分帶走礦石中諸如硫或氧這樣的雜質。這樣一來，實際操作就變得很有難度。人類掌握用火的技巧已有數十萬年，但是煉銅的歷史只有六七千年，冶鐵的歷史則更短。一般而言，冶鐵技術發明於原始社會的末期，它象徵著冶金史上進入新階段。人類鍛造鐵器的起點也就在西元前 1400 年左右，中國在春秋晚期（西元前 5 世紀），大部分地區已使用鐵器。

不過，和黃金相仿的是，為了提高銅和鐵的效能，人們通常也要把它們加工為成合金。

銅的合金品種很多，古人就已經發明出青銅和黃銅，它們分別是銅混合了錫（或鉛）和鋅的結果。古代中國人還發明出一種銅和鎳的白銅合金，看起來就和銀子差不多，至今還被用來製造錢幣。

鐵最出名的合金就是鋼，它是由鐵和碳形成的，其中碳的質量分數在 0.025%～2.06%。如果含碳量更高，它就被稱為生鐵。生鐵不容易變形，但容易開裂；如果含碳量更低，它又會被稱為熟鐵，實際上已接近於純鐵，質地軟得跟皮帶一樣。所以，鐵通常都會被加工成鋼再使用。而在現代技術的加持下，鋼的種類也越來越多，比如常用於機械的錳鋼，可以用作防彈甲板的鎢鋼，還有不容易生鏽的不鏽鋼，等等。

還有更多的金屬元素呢？它們的命運甚至還不如鐵和銅這般順利。

比如鋁，它是地殼中含量最大的金屬元素，經過漫長的演變，這種元素絕大多數都和氧元素結合在一起，形成被稱為「鋁土」的礦物（Al_2O_3）此前我們已經知道，鋁和氧之間的結合力非常強，所以想要把鋁從礦石中提煉出來，萬分困難。古人用煉銅或煉鐵的方法，根本提煉不出鋁，直到電被發明出來並廣泛使用以後，才有了電解煉鋁的工藝。即便如此，因為礦石超強的結合力，它的熔點實在太高，故而還需要在其中加入一種助熔劑 —— 顧名思義，這就是為了幫助礦石熔化。這種助熔劑被稱為冰晶石，就因為它可以造成降低熔點的作用而得名，其主要成分是六氟合鋁酸鈉（Na_3AlF_6）。

鋁也不是最難冶煉的金屬。

在元素週期表的下方，通常還會多出兩行，它們分別被稱作鑭系和錒系。它們本該排在元素週期表的第三列，但是這樣會讓表格顯得太長，故而一般的印刷版本都會將它們截到最下方。

錒系元素大多數是人造元素，在地球上的存量極低，只有為數不多具備開採價值的元素，例如釷和鈾，它們主要都被用在了核電廠中。

鑭系元素可不一樣，它所包含的 15 種元素，連同週期表上第三列已有的鈧和釔，合起來被稱為稀土金屬。這些金屬元素個個身懷絕技，可以被應用在很多高科技裝置中。比如有一種叫釹的元素，它就可以被用來製造強磁鐵。所以，稀土元素也常被稱作「工業維生素」，用量不多卻不可或缺。

然而，冶煉稀土元素可不容易。它們不只是會像鋁那樣，其礦石具有很高的熔點，而且，這些元素的性質實在是太相似了，想要把它們分離出來，就好比從長得一樣的多胞胎中找出其中一個，那可是相當不容易。直到現在，能夠掌握全套分離技術的國家也寥寥無幾。中國科學家徐光憲（1920 年～ 2015 年）很早就看到了稀土元素的巨大價值，也正是在他的帶領和呼籲下，中國的稀土提煉技術大為領先，有人把他譽為中國的「稀土之父」。

從黃金到稀土，人類花了好幾千年的時間，也還是沒能把金屬物質的世界研究透，大部分金屬，我們還都沒有找到它最合適的用途，這還有待於我們繼續努力開發。

而在元素週期表的另一部分，也就是非金屬元素，雖然成員的數量不多，但是它們構成的物質卻在地殼中占據了很大的比例，人類對它們的利用也從未停歇過。

從石器到陶瓷

人類的歷史是從石器時代開始書寫的 —— 漫山遍野的岩石提供了最初的開發工具。石器時代是考古學上人類歷史的最初階段，屬於原始社會時期。那時，石器是人類勞作的主要工具。

岩石星球並不總是會布滿岩石。

月球和地球形成的時間相似，也同屬於岩石星球。然而，月球比地球小得多，它的引力不足以在月球表面支撐起大氣層。於是，當月球被太陽照耀到的時候，溫度可以高達 100 多攝氏度，可是等到月球上進入黑夜時，溫度又會低達零下 100 多攝氏度。中國的探月專家認為，巨大的溫差，讓月球上的岩石不停地發生著膨脹與收縮，它們會比地球上的岩石更容易風化崩解。而且，月球上的火山也已經偃旗息鼓，它也很難從月球核心補充新的岩石。因此，月球的表面絕大部分都被細碎的小石子或石粉覆蓋。當「嫦娥」探測器登陸到月球的時候，深深的轍印很清晰地證明了這一點。

地球上的岩石絕大部分都含有矽和氧這兩種元素，它們在地殼中的總含量超過了 75%。被人類用來打造石器的原料通常也是以這兩個元素為主體 —— 很大一部分原因也是他們別無選擇。

如果岩石中只有矽和氧，那它就會被稱為石英。石英的化學成分就是二氧化矽（SiO_2）。在河沙中，石英就占了很大的比例，而我們此前也已經提到，石英形成的完美晶體便是水晶。不過，大多數石英都會和其他一些元素依靠化學鍵組合在一起，它們形成的這類物質被統稱為矽酸鹽。

按照成因，地球表面的岩石通常會被分為三類：火成岩、沉積岩和變質岩。火成岩來自火山噴發之後冷卻的岩漿，沉積岩通常是河底小碎石被擠壓在一起形成的大塊石頭，變質岩則是地下高溫高壓下形成的岩石。它們可以相互轉化，例如火成岩風化後會進入河道形成沉積岩，而火成岩與沉積岩都可以在地下發生「變質」，形成變質岩。

不過，對於遠古的人類來說，這些岩石的來歷並不重要，他們更在意的是，這些岩石是不是能夠滿足需求 —— 主要是狩獵和日常的穴居生活。

幸運的是，矽酸鹽雖然在地球上隨處可見，相當普通而易得，但它的效能卻很卓越。矽和氧之間的化學鍵具有無限

延伸的能力，所以，當我們抓起一塊矽酸鹽岩石的時候，它內部的原子全都彼此連線，這就讓它具備了可觀的硬度與強度。或許將原子編織成手掌大的一塊石頭並不讓人吃驚，但是如果知道「艾爾斯巨巖」的話，一定就不會再這麼想了 —— 這塊巨大的石頭位於澳洲，因為含鐵量高而通體呈現紅色，繞著它走一圈需要好幾個小時，石頭露出地面最高的部分超過埃及胡夫金字塔的兩倍 —— 後者由數萬名勞工用石條堆砌了大約 20 年才完工。

不難看出，石頭有著超凡的承壓能力，原始人很自然地就發現了這一點，用石頭製作各種工具，大到石斧，小到石簇（箭頭），顯著提升了他們的生存能力，也建構出史前偉大的石器時代。

然而，石器也有個嚴重的缺陷 —— 它太硬了，加工起來很困難，大多數時候只能靠不同的石頭相互摩擦才能造出合適的造型 —— 這很費時間。

還好地球上的矽酸鹽並沒有讓我們失望。那些細小的岩石落入河谷後，在水流和石塊彼此的撞擊之下，變成細小的河沙。生物的出現，又讓河沙中多了很多有機質 —— 我們很快就會說到它 —— 最終變成河底的淤泥，逐漸被河水推到了岸上。相比於河沙，淤泥中的矽酸鹽顆粒已經細小了很多，但它並沒有能夠和這些有機質很好地融合。它的確很肥沃，卻又難以保留肥力，大多數植物並不能直接在淤泥上生長。一旦這些淤泥在陽光下曝晒幾天，它們就會出現龜裂，最終形成揚塵。

又經過多年的風化，這些淤泥中的矽酸鹽還會繼續瓦解，變成肉眼無法分辨的小顆粒。這種極小的顆粒具有很強的吸附力，它可以和有機質均勻地融合在一起，形成我們更熟悉的土壤——有一些土壤還頗有黏性，故而也被稱為黏土。

在地球上，黏土雖然不及岩石那麼普遍，但也還算常見。也不知道從什麼時候開始，人類學會了用火炙烤黏土，發現黏土在被烤制一段時間後，居然會發生硬化，變得像石頭一樣。這種材料，我們現在稱之為陶。

燒陶之前，人們會將它們捏成特定的形狀，加熱之後就可以製成飯碗、酒杯這樣的造型。相比於石器，陶器在製成這類工具方面有著無以比擬的優勢。於是，陶器也迅速在地球上各個部落流行開來，成為人類文明早期最重要的材料。

在中國商朝時期，人們在燒陶的過程中，又發現了一種新的材質。可能是因為機緣巧合，有一些陶器中出現了鈣元素，它在矽酸鹽中的作用，就如同是冰晶石在鋁礦石中一樣，可以造成助熔的效果。至於這個配方，又有點像是玻璃。於是，陶器表面有一些矽酸鹽發生熔化，冷卻後就變成

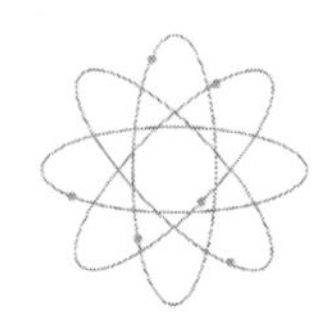

晶瑩剔透的玻璃狀矽酸鹽，所形成的連續玻璃質薄層被稱為「釉」。又因為這種釉中含有少量鐵元素，在灼燒之後會呈現青綠色，故而又被稱為「青釉」。青釉器就是瓷器的開端，它啟發了中國人開發高嶺土這種矽酸鹽黏土燒製瓷器的工藝，又經過兩千多年的發展，產生了青瓷、白瓷、青花瓷等各式精美瓷器，成為絲路駝隊還有遠洋商船上的貨物，遠銷全世界。

西漢時期的青釉器

可以說，在人類社會如此悠遠久的歷史中扮演著如此重要的地位，陶瓷是獨一無二的。而在現代，陶瓷又在高科技產品中占據著特殊的地位。

不同於古代的陶瓷，現代陶瓷並不只是矽酸鹽材質，還包括硼、碳、氮、鋁、磷、硫等多種元素，其中大部分是非金屬元素。它們應用的領域也遠不止於鍋碗瓢盆這樣的日用品，還有諸如電絕緣體、磁性體等各種材料。

有一些新型陶瓷的效能，甚至顛覆了我們過去對於物質的認知。金剛石是天然存在的最硬物質，它是完全由碳原子拼搭起來的物質，每一個原子都和相鄰的四個原子之間形成了化學鍵，自然也就十分牢固。一直以來，人們都相信，它會保持最硬物質的紀錄。然而就在 2013 年，中國科學家田永君領導的團隊卻合成出了一種氮化硼陶瓷材料，比金剛石還要硬，又一次重新整理了人們對物質的認知。

陶瓷究竟還有多少奧祕，我們現在還不能完全參透。它依然是我們生活中不可缺少的一部分，但也會時常出現新的陶瓷材料，帶來新的驚喜。

陶瓷雖然多變，可是在所有種類的物質中，即便是陶瓷加上金屬，也不及物質種類的 1%，剩下的絕大部分物質都屬於有機物。

無窮無盡的有機物

有機化合物簡稱有機物，就是含碳化合物的總稱。只有幾種物質例外：通常二氧化碳、一氧化碳之類的簡單含碳化合物會被認為是無機物，但它們和有機物的關係也非常緊密。

在元素週期表上，碳元素排在第六位，看起來平平無奇。然而，科學家們卻很早就注意到它了。

碳元素第一次引起學術界的震撼，來自拉瓦錫完成的一項瘋狂實驗：燒一顆鑽石，看看那樣會產生什麼。金剛石經過人工思索後的產品就是鑽石，因為它實在太硬了，不能被切削，所以在當時並沒有人知道它究竟是什麼物質。而且，鑽石也太珍貴了，一般人也沒有經費去研究它，但是拉瓦錫本人是法國貴族，他有這個財力。

實驗的結果出乎意料 —— 鑽石中的化學成分只含有碳元素。

碳元素也是煤炭中最主要的元素，它和包括氫、氧、硫在內的很多元素形成了各式各樣的分子。如果把煤炭中的其他元素全部脫除，只剩下碳元素，那麼最終得到的就是石墨，它黑黝黝的外觀，看起來和鑽石完全不相干。

然而物質世界就是這樣，鑽石和煤炭居然如此相似。

後來，蓋 - 呂薩克的實驗室裡來了一位名叫尤斯圖斯·馮·李比希（Justus Freiherr von Liebig，西元 1803 年～ 1873 年）的年輕學者。此時，蓋 - 呂薩克和道耳頓的論戰還沒有結束，「分子」的概念也還在角落裡坐著冷板凳，沒什麼人在意。西元 1830 年，李比希在前人工作的基礎上，使碳氫分析發展成為精確的定量分析技術，他也成為德國歷史上非常重要的化學家。

早在西元 1815 年，印尼的坦博拉火山爆發，成為人類有紀錄以來最大的一次火山爆發，至今還保持著紀錄。火山噴出的煙塵實在是太厚重了，長年飄在天空中，甚至在第二年，包括歐洲在內很多地區沒能迎來夏天，因為陽光被空氣中的火山灰吸收了。不僅如此，當雲層轉變為雨水時，火山灰中的很多物質也會溶解在雨水中，特別是二氧化硫這樣的物質會轉化為硫酸，於是雨水就成了破壞性很強的「酸雨」。

在各種因素的疊加之下，全世界都在西元 1816 年遭遇了不同程度的糧食減產，有些地區甚至出現了災荒，僅歐洲

就有數十萬人的死亡和這場災難相關，部分國家因此陷入動亂。少年時期的李比希目睹了這場人間慘劇，這也促成了他一生中最關心的工作 —— 研究如何讓糧食增產。他成為農業專家，還發明出最早的化學肥料。他經過研究發現，正是因為在土壤中缺乏了一些特定元素，糧食才不能很好地生長。其中，植物最容易缺失的三種元素是氮、磷、鉀，因此最流行的化肥就以這三種元素為主。因為它們的元素符號分別是N、P 和 K，所以這類化肥就被為 NPK 肥料。

然而，李比希還注意到，土壤中的碳元素似乎也不可小覷。

在此之前，英國科學家普利斯特裡已經發現了光合作用。他是氧氣的發現者之一，設計出的實驗曾經啟發了拉瓦錫。植物在進行光合作用時，會吸收空氣中的二氧化碳和水，然後轉化為葡萄醣，植物會以葡萄醣為原料，加工出它需要的各種物質。

光合作用解釋了更早時候的「柳樹實驗」。17 世紀時，比利時（當時還叫荷蘭）科學家揚 · 巴普蒂斯塔 · 范 · 海爾蒙特（Jan Baptista van Helmont，西元 1577 年～ 1644 年）為了弄清楚植物的養分從何而來，在大花盆裡種下一棵柳樹。五年後，這棵柳樹的重量已經和成年人相仿，但是土壤減少的重量卻只相當於兩個雞蛋而已。儘管當時還沒有人能夠證實「質量守恆定律」，但是海爾蒙特還是合理地推測，柳樹生長時所需要的各種成分，主要來自於空氣，普利斯特裡最終解釋了這個原理。

既然光合作用說明植物中的碳元素是植物吸收了空氣中的二氧化碳才形成的，是不是土壤中的碳元素就沒什麼用了呢？李比希透過實驗證明，土壤中的碳元素雖然不多，可它對於植物而言，甚至比其他元素更重要。就是在這些現象的啟發下，李比希提出設想，認為含碳的物質是生命體需要的，是它們讓生物變得生機勃勃，故而被稱為有機物，與之相對，不含碳的物質便是無機物了。

李比希找出生命體和碳元素的關係，並由此歸納了「有機物」的範疇，後世便尊他為「有機化學之父」。但他不只是在農業和有機化學方面有點造詣，同時還是一名教育家，非常善於將自己的思想傳達出去。德國著名的有機化學家弗里德里希·奧古斯特·凱庫勒·馮·施特拉多尼茨（Friedrich August Kekulé von Stradonitz，西元 1829 年～ 1896 年）還是學生的時候，就聽說李比希的講座很有趣，去聽了一次之後，就迷上了有機化學，並投入到李比希的門下。

這時候，「化合價」這個概念也已經被提了出來，凱庫勒便開始用化合價的概念去解釋有機物為什麼與眾不同。他首先確定，在有機物中，碳原子總是傾向於形成四價，最多可以同時和四個原子結合，而且碳原子和碳原子之間也可以互相連線，這就構成了有機化學最核心的基礎。

後來，「分子」的概念也被科學界承認了，凱庫勒就更進一步，確認了很多有機物的結構。其中最著名的莫過於「苯」，至今在教科書上還流傳著他的傳說。

苯分子有 6 個碳原子和 6 個氫原子，按照當時的分子理論，雖然可以繪製出一些不同的結構，可是這些設想中，卻沒有哪一個結構是合理的。凱庫勒對這個問題也是百思不得其解，白天研究，連夜裡都沒閒著。有一天，他做了個夢，夢到一條蛇回頭咬住了自己的尾巴，受此啟發終於想通，苯可能是一種「環狀結構」。後來，又有人設想出苯環結構的其他形式，因此凱庫勒繪製出來的結構就被稱為「凱庫勒式」，以示區分。

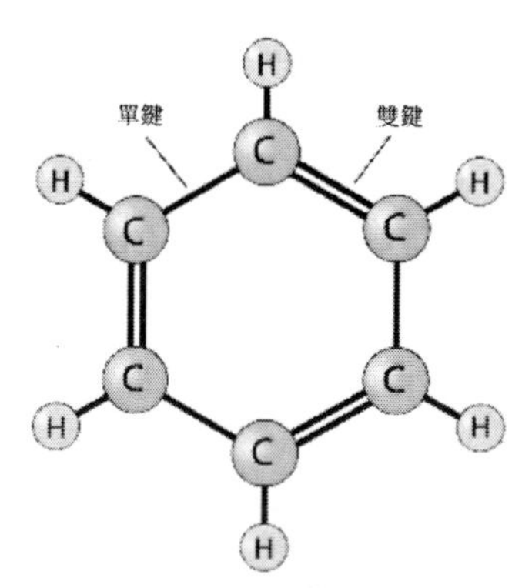

苯分子的凱庫勒式

儘管這個故事有一些附會的成分，但是「凱庫勒式」的出現，的確顛覆了人們對於有機物的想像。碳原子的化合價為四價，雖然並不是最高的，但是碳原子之間卻幾乎可以無限連線，而且它們還可以形成環狀、籠狀、樹枝狀等各種結構，這就讓有機物的形式變得非常複雜。

不僅如此，很多有機物還存在同分異構體。就像凱庫勒研究苯的時候，最初設想的那些分子結構，後來有一些也透過實驗被發現了。它們雖然也有 6 個碳和 6 個氫，卻和苯分子有著截然不同的特性。這些原子組成化合物的分子式相同，但具有不同的結構和性質，就被稱為同分異構體。這在有機化學中極為普遍。

於是，碳原子的連線千變萬化，含碳的分子也難以計數。到現在為止，人類發現的物質有上億種，其中無機物不過十餘萬種，有機物占了絕大多數。

凱庫勒揭示了碳原子的結合規律，也有助於人們釐清金剛石與石墨的關係。在金剛石中，每一個碳原子都和另外四個碳原子相結合，它們形成了立體結構，所有的電子都參與形成了化學鍵，每個碳原子的位置都保持穩定，不會發生位移，所以金剛石的硬度非常大。至於碳原子形成的石墨，則是每個碳原子與另外三個碳原子以平面的方式結合，這樣一來，四價的碳原子就留出了一個自由的電子，所以石墨就可以靠著這些電子自由地傳遞電流，不像金剛石那樣是絕緣體。

與此同時，有些物質雖然不含碳，但是它們居然也會採取有機物那樣的方式構成分子，比如元素週期表上排在碳元素之前的硼元素，還有排在碳元素下方的矽元素。這些元素在和氫元素結合的時候，有時也會遵循和碳元素相似的規律，因此科學家們對它們也充滿了興趣。物質之間的「有機」組合，似乎還給物質賦予了生命，我們會在下一章談到這一點。

換句話說，有機物雖是含碳的物質，但是「有機」的內涵卻豐富了許多。在我們的生活之中，「有機食品」正在流行，它們是在「有機農業」生產體系下，生長於良好的自然生態環境，無新增劑、無汙染、純天然等按有機農業生產要求，以及相應標準加工生產出來的一切農副產品。它們的確也都富含有機物，然而這並非是它們被認證為「有機」的本質原因。

之所以我們會對不同物質的了解越來越深，是因為我們現在已經有了越來越多的分析方法，可以看到物質的結構 —— 就像苯分子，在電子顯微鏡下就可以直接看到它那優雅的六邊形環狀結構。正是多變的物質結構，才讓物質世界變得如此豐富多彩。

結構決定性質

金屬與合金、陶與瓷，還有石墨與鑽石，有機物中的同分異構體，它們彼此之間的關係與差異，全都說明了物質世界中最重要的原理之一：結構決定性質。

對於很多物質而言，它的組成固然很重要，但也只有弄清其中的各種元素如何組合在一起，才能知曉它會有怎樣的特性。

2020 年初，COVID-19 病毒開始在全世界流行，成為一種讓人談之色變的瘟疫。這種病毒屬於冠狀病毒，而且還是過去從未被發現過的病毒種類，故而也被稱為「新型冠狀病毒」。

為了應對突如其來的疫情，物資方面的準備顯得尤為重要。除了口罩、手套以外，快速檢測出病毒的試劑也不可或缺。這種試劑最快可以當場確定一個人是否已經被病毒感染，這樣就能更有效地進行防疫了。

檢測病毒的原理倒也不是很複雜。

人類的身體中有一套防禦體系，它被稱為「免疫系統」，負責對外來的細菌等等進行戒備並應對處置。當病毒成功地感染了某個人之後，它就會開始複製，在人體內的數量越來越多。病毒釋放出某些被稱為抗原的物質，這會引起免疫系統的警覺，發現外敵入侵。作為回應，免疫系統也會釋放出一種抗體，用來對抗病毒。所以，病毒檢測試劑只要能夠測出這些抗原或抗體是否存在，就能證明一個人是不是被病毒感染了。

當然，這些都是間接測試的結果，我們還可以使用直接檢測的方式。病毒中含有一些叫「核酸」的遺傳物質，它們的結構特殊，只要確認這些核酸是否存在，同樣可以證明受檢者是否被病毒感染。如此檢測的結果更準確，但檢測時間相對更久一些。

在這些不同的 COVID-19 檢測方法中，抗原檢測的方法最簡單，它只需要從鼻腔或咽部取樣，再將樣本簡單處理後滴到試紙上。幾分鐘後，如果試紙上只出現一條線，就說明受檢者是陰性，沒有被病毒感染，如果出現兩條線，就說明受檢者是陽性，已經被病毒感染。

這種用兩條線來標記出陰性或陽性的方法，就是現在最流行的「膠體金」法。

在「膠體金」中，黃金被磨成了極其微小的粉末——小到無法用肉眼看清。它們的顆粒大小通常不足一微米，進入到奈米的尺度，故而也被稱作金奈米顆粒。1 奈米只有 1 毫米的 100 萬分之一，所以這些金顆粒還不及頭髮絲的百分之一粗。這時候的金，已經不能再被稱呼為「黃金」。它們可能會呈現出粉紅色，但也可能會是酒紅色或紫紅色，這取決於它們的實際大小。

金奈米顆粒的吸附性很強，像是黏膠一般，遇到抗原就會相互吸引。這並不只是金才具備的特性，大部分固體物質在這個尺寸下都是如此，「膠體」的名稱也就由此而來。

不過，膠體金的特色在於，它在吸附了抗原後，就會呈現出很明顯的顏色。這時候，只要在試紙上埋上一道特定的抗體，因為抗原會和這種抗體結合，那麼當膠體金附著了抗原沿試紙通過時，就會把它們攔截下來，形成一道由膠體金呈現的線條。

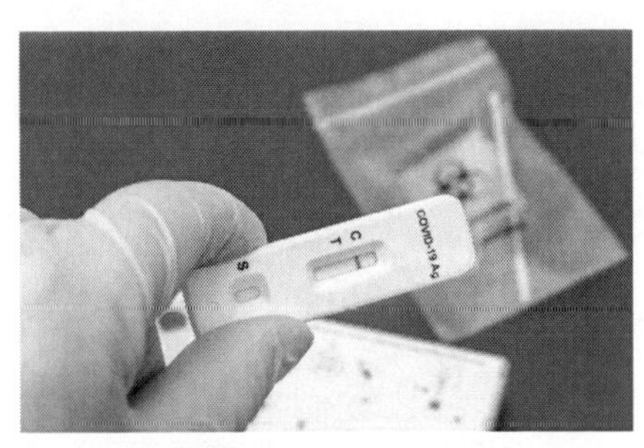

膠體金抗原檢測試紙

實際測試時，試紙上會有兩條線，分別被稱為控制線和檢測線。在處理受檢樣本時，還會加入另外一種已知的抗原，它附著在膠體金上，就會和控制線上的抗體結合，顯現出顏色。如果控制線不能顯色，就說明這張試紙已經失效了。如果樣品中含有需要檢測的 COVID-19 病毒，那麼檢測線上也會顯現出顏色，這就是陽性樣本會出現兩條線的原因。

黃金是人類最早學會利用的金屬，然而同樣是金元素，既可以用來打造首飾，可以被拉塞福用來完成金箔實驗，還能被做成金奈米顆粒用在病毒檢測中。不同的用途，彰顯的是金元素多彩的性質。

事實上，每一種物質都是如此。

而在這些不同特性的背後，就是物質不同的結構。物質的結構決定了它的性質，於是我們可以透過調整物質的結構，實現它們特殊的功能。

整個自然界遵循的也都是同樣的規律，這並不會以人的意志為轉移。甚至就連我們自己，也包括所有的生命，都要依靠物質去實現生理功能 —— 根本上說，是物質構成了生命。

7 活著的奇蹟

——賦予生命的物質

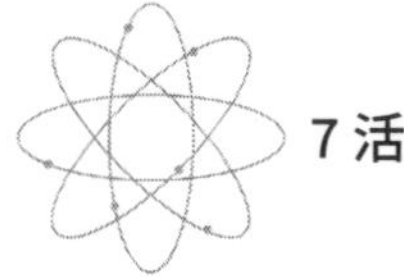

從簡單到複雜

物質為什麼能夠演變出生命？這可能是物質科學需要面對的終極問題。這是因為，生命體和非生命體之間顯然存在著某種不可踰越的界限，我們並不知道物質世界怎樣打通了這個界限。

很長時間以來，科學界認為存在著兩個物質世界，也就是有機物世界和與之相對的無機物世界，並且這兩個世界的物質之間並不能相互轉化。比如我們賴以生存的葡萄醣，它是有機物，就只能從動物或者植物這樣的一些有機物中獲取，不能靠無機物轉化而來。這樣的分類方式，認為生命和非生命的界限天然而永久地存在，從而徹底迴避了上述問題。

不過，這樣的處理某種程度上也只是掩耳盜鈴，它引發了人們對更多問題的質疑。我們能夠從植物中攝取葡萄醣，那麼植物又該從何處攝取它呢？又或者，有機物構成的木頭在燃燒之後變成了無機物，如果無機物不能轉化為有機物，豈不是有機物會越來越少？

經過數年的研究，德國化學家弗里德里希·維勒（Friedrich Wöhler，西元 1800 年～ 1882 年）於西元 1828 年首次以無機物氰酸銨中原料合成出尿素這種有機物，對於這個問題的討論才步入正軌。這項研究打破了有機物和無機物之間的人為界限，動搖了當時盛行的「生命力學說」，指出了有機物的合成方向。時至今日，「有機物」已不再是本意所指的「有生命力的物質」，而是指絕大多數含碳化合物，只是為了方便研究才沿用至今。

如此一來，有關生命起源 —— 從無生命物質形成原始生物體的過程 —— 的問題，似乎也有了尋找答案的方向。那些不具有生命特徵的物質，很可能就是生命最初誕生的地方。

實際上，在自然條件的撮合之下，新物質的生成速度超乎想像。

太陽系誕生之時，剛剛形成的地球還是一顆灼熱的岩石球，在它的表面，連水都是蒸汽的狀態，與氫氣、氨氣、甲烷等各類分子構成了地球早期的大氣。然而，事情很快就發生了變化，劇烈的地質運動又釋放出二氧化硫、二氧化碳等物質，讓本就活躍的大氣層變得更加熱鬧。它們彼此之間會發生一些簡單的反應，如今空氣中最常見的氮氣便在這個時候形成。

還有一些反應會引起我們特別的注意。

正如日本隼鳥探測器所證實的那樣，地外小行星上可以找到胺基酸分子。事實上，即便是在太陽系以外的空間，胺基酸都是很常見的一類物質，它們是構成生命體的核心元件之一。

所有的胺基酸分子都含有碳、氫、氧、氮這四種元素，例如最簡單的胺基酸叫做甘胺酸，分子中只有 2 個碳原子、2 個氧原子、1 個氮原子以及 5 個氫原子。當氨氣、甲烷和水共存時，就已經湊足了這 4 種元素，在閃電的作用下，可以形成包括甘胺酸在內的一些簡單胺基酸，這一反應過程也早已被實驗證明。

而當大氣中出現二氧化硫後，體系變得更加複雜，由此形成更多種類的胺基酸。有一種被稱為胱胺酸的胺基酸，其中就含有硫元素，它在搭建生命的過程中居功甚偉，後面還會提到它。

可見，早在地球形成初期，以胺基酸為代表的有機物就已經大量出現。隨著地球表面的溫度逐漸降低，海洋開始形成。這些能夠溶解在水中的胺基酸，在海水中逐漸富集。

胺基酸有著非常特殊的結構：它的一邊被稱為胺基，另一邊則被稱為羧酸基團（羧基），這也是「胺基酸」名稱的由來。胺基和羧基可以發生化學反應，結合起來。如此一來，當兩個胺基酸相互靠近時，它們就像兩隻鎖釦一樣連線在一起，形成一種被稱為「肽」的新物質。在肽的兩端，分別殘留了一個胺基與一個羧基，因此它還可以繼續連線其他胺基酸。以此類推，肽會變得越來越長 —— 這種特別長的肽就被稱為蛋白質。

正所謂「海納百川」，海洋中的幾乎可以找到所有常見的元素，化學反應的型別也比大氣之中更複雜。特別是磷元素的加入，在有機物和無機物之間架起了一道橋梁。水中的磷元素很容易和氧形成一種被稱為磷酸根的無機離子，它有三個介面，每一個介面都可以連線一種物質，其中也包括磷酸根本身。

如果磷酸根的其中兩個埠都和其他磷酸根彼此連線，如此延續下去，就可以形成一條由磷酸根串起的長鏈。與此同時，每個磷酸根還留出一個空閒的埠，如果這個埠迎來一種叫核苷酸的有機分子，那麼這條由磷酸根連線而成的「項鍊」就成了核酸分子了。它是讓生命延續下去的重要奧祕，後面也會再提起它。

如果磷酸根青睞的是鈣離子，那麼結果又會很不一樣。由磷酸根和鈣離子形成的物質被稱為磷酸鈣，它是一種非常堅硬的物質，就和石頭相仿。經過氫氧根離子的修飾後，磷酸鈣會轉化為「羥磷灰石」，其硬度剛好能夠支撐起生物的

重量。如今，我們在地球上發現的所有脊椎動物，骨骼都是以羥磷灰石為主體。

甘油是另一種帶有三個埠的物質，學名丙三醇，是一種有機物，也是生命的重要組成部分。甘油被稱為「油」，也出現在很多油脂之中，但它本身卻不是油。它的結構也不複雜，即便是地球誕生不久的惡劣環境下，也不難形成。

不同於磷酸根，甘油之間很難彼此相連，卻幾乎專一地與羧酸類物質連線，由此形成一類被稱為甘油三酯的物質，分子結構就如同三叉的燭架插滿了蠟燭。甘油三酯富含能量，幾乎所有的生物體都靠它儲存能量，人類也不例外。只不過，對衣食無憂的現代人來說，身體中過多的三酸甘油酯已經成為負擔，體檢時透過驗血判斷的「血脂」指標，指的就是血液中的三酸甘油酯濃度。

甘油和磷酸根還可以相互配合，與羧酸形成一類被稱為「磷脂」的物質。磷脂的性質很特別，它的一端親和水分子而排斥油脂分子，另一端卻又親和油脂分子而排斥水分子，因而被稱為雙親分子。在生命體中，磷脂分子也發揮著舉足輕重的作用，特別是卵磷脂，能夠利用自身的雙親特性，調節身體中油脂的新陳代謝。不止如此，由兩層磷脂構成的細胞膜，將細胞內外隔開，允許營養成分從細胞外向內流動，代謝產生的廢棄物又能由內而外流動，細胞內部的化學反應得以順利地進行。

近代科學研究說明，生物只能透過物質運動變化，由簡單到複雜逐步發展形成。隨著時間的推移，地球上的分子種類越來越多，結構也越來越複雜，生命體必需的物質基礎也逐漸完善。然而，第一個生命到底是什麼時間出現在地球上，這個問題並不容易回答。這不只是要考慮生命需要哪些物質，更要研究地球自身的環境。

地球擁有適中的溫度，海洋可以因此保持液態，物質可以因此更容易地發生反應。不過，溫度的作用不止於此：溫度的高低決定了化學反應的速度。如果地球的溫度太低，化學反應的速度很慢，那麼生命物質形成的速度也很慢，不足以支撐生命的需求。反之，如果溫度太高，反應速度太快，那麼好不容易形成的各種生命物質，也會因為發生化學反應而衰減，難以累積到足以出現生命的程度。

即便已經萬事俱備，生命形成的機率也並非是百分之百，還需要依賴「湧現」（emerge）這一過程。當多個簡單的部分疊加在一起時，會形成更複雜的系統，然而複雜系統的某些特性，卻是簡單部分原先所不具備的，這種「整體大於部分之和」的現象便被稱為湧現。我們每天都會和湧現現象打交道 —— 就像破折號前的這句話，如果說成「現象道交打們我湧現和會都天每」，沒有人可以輕鬆解讀它的含義，儘管所有的字都還在，只是順序被打亂了而已。由此可見，這句話的含義並非是由所有字原本的意思疊加而成，它超出了字意的總和。或者說，只有這些字以恰當的方式組合在一起，才能「湧現」出最終的含義。

與之類似，當所有生命要素全都湊在一起時，也只有採取特定的方式，才有可能湧現出生命。這個過程有著太多的不確定性，就像擲骰子那樣難以預測。可喜的是，我們的地球成功了，最終打破了生命與非生命的界限，這也是物質世界的神奇之處。

但我們是否能夠進一步知道，生命究竟是什麼？

低熵系統

想像一下，你正在火鍋店裡大快朵頤，剛剛煮熟的蝦滑在紅湯中翻滾——你已經注意它很久了。面對這種並不太適合用筷子夾起來的食物，你會嫻熟地拿起漏勺，將它從湯中撈起。從漏勺孔洞中流淌下的火鍋湯料，還夾雜著幾顆花椒。至於那些滑溜溜的寬粉，通常也只會順著漏勺的邊緣滑落到湯裡。因此，你會很順利地撈出你想要的蝦滑。

在生活中，我們會藉助類似於漏勺這樣的很多工具進行物質的分離，而且多數時候都隨意得有些漫不經心。把被子晾晒到欄桿上時，隨手抄起一支衣架朝著它拍打幾下，深藏在被褥中的灰塵與蟎蟲，就會在作用力的作用下噴濺而出；雨天裡被水打溼的課本，放在取暖器旁烤一烤，紙上吸附的水分便消散了；喝茶的時候，輕輕地吹一吹，就可以避免把茶葉沫子喝進嘴裡……衣架、取暖器，甚至只是我們吹出的氣體，都可以被我們用來分離不同的物質。

7 活著的奇蹟 —— 賦予生命的物質

生活中的這些動作，我們操作起來之所以會如此熟練，是因為它們其實是生命的本能。任何一種生命體都必須「學」會分離物質：魚鰓的結構是為了分離水中的氧氣，這樣它們才能在水中呼吸；樹木強大的根系將水和礦物質從土壤中分離出來，順著樹幹送到每一片樹葉；培養皿中的細菌會從營養液中分離出它們需要的養分，幾乎每半個小時就可以繁殖出下一代……

換一個角度而言，生命無非就是將合適的物質搬運到合適的位置，我們人類也不例外。所有能夠供我們祖先生存下去的活動，無論是採摘野果還是追蹤獵物，都是從自然界中獲取那些我們需要的物質，捨棄掉不需要的物質。

當我們的生存能力已經足夠強大，能夠在一定程度上改造自然界之時，所做的事情無非還是在分離各種物質：從水稻之中，我們收穫了米粒，以此作為最重要的主食之一；從黏土之中，我們剝離了水和有機質，使之形成堅硬的矽酸鹽併成為陶瓷；從鐵礦石中，我們脫除了礦渣和氧元素，由此鍛造出鋼鐵……

靠著分離物質的各種方法，包括人類在內的生命體才活了下來，一代又一代地繁衍，並將生存的奧祕傳了下來。直到現在，我們還在做著相同的事情，而且就和火鍋裡撈蝦滑一樣尋常而頻繁。

這些分離物質的奧祕，科學上用一個被稱為「熵」的熱力學系統狀態的物理量進行描述，它還有一個更接地氣的名稱：混亂度。換言之，有序而規則的物質，其中的「熵」較低；混亂而無規則的物質，其中的「熵」相對更高。

相比於其他物質，有序是生命體最為直觀的特徵之一，也就是說，生命體中蘊含更低的「熵」，其結構和運動狀態具有確定性和規則性。這一概念，量子物理學家薛丁格曾在他那本著名的《生命是什麼》（*What Is Life?*）中進行了風趣而詳細的闡述，但是想要理解它，並不需要太高深的物理知識。

試想你現在手上有一杯水，你用力將水朝斜上方潑了出去，一兩秒鐘後，這些水就會在重力的作用下落在地面上。每一次潑水，你都能得到一個隨機的圖案，每一次都不相同。那麼，有沒有一種可能，你隨手潑出去的水，水跡圖案會是人的形狀呢？

這種可能當然存在，如果你願意試上很多次的話——這裡的「很多」通常會是一個巨大的數字，「億」這樣的單位和它比起來，也只能說是微不足道。

人體中超過 2/3 的部分都是水。如果我們將這些水收集在更大的杯子裡，隨便潑出去，這些水重新按照人體中這樣分布的機率，幾乎就是零。

出現這種情況，就是熵在「作祟」。任何閉合系統都會自發向著混亂度增加的方向發展，也就是說，任何物質總體上都會變得越來越混亂。這一定律被稱為熱力學第二定律，不過人們更習慣以「熵增加原理」（也叫熵增定律）來稱呼它，作為熱力學第二定律的定量表述。

水是由一個個水分子構成，潑出去的水，混亂度增加，水會以更隨意的方式鋪展開，很難形成我們希望形成的圖案。也有一些畫家愛上了這種不確定性，他們會用噴射顏料的方式作畫，那些不受控制形成的隨機圖案，恰恰成為最富有個人特徵的作品。

然而，人體中並不只有水，還有成千上萬有機物與礦物質，這就讓「有序」變得更加難能可貴。事實上，別說是這麼多種物質，哪怕只是在水中新增一點食鹽，系統的混亂度都會呈指數級的增長。

對生命起源的探究發現，是地球早期的海洋，孕育出最初的生命體，人類也不例外。因此，人體中的各種體液，大多還保留著海洋的特徵，尤其是胎兒生存所仰仗的羊水，羊水中富含的氯化鈉也正是海水中最主要的鹽分。羊水存在於孕婦的子宮之中，實質上是由各種鹽分混合而成的水溶液。胎兒在這樣的環境中慢慢長大，就像是我們的遠祖在海洋中生活那樣。

地球表面覆蓋著遼闊的海洋，受制於不同的地理環境與氣候條件，不同海域的鹽度有著很大的區別。例如地中海，它被大片陸地環繞，海水的蒸發量高，鹽度也相對更高；與它僅僅透過直布羅陀海峽相連的大西洋，因為接納了無數河流的淡水，其鹽度就要更低一些。於是，在狹窄的直布羅陀海峽，就會出現非常奇妙的現象：地中海底部的濃鹽水會朝著大西洋方向流動，而在表面，大西洋的稀鹽水卻會朝著地中海流動。這一來一往之間，地中海的鹽分便流入了大西洋。

海水中的鹽分會自發地從高濃度的區域向著低濃度的區域擴散，這同樣是熵的傑作。如果把大西洋和地中海裝到兩只杯子裡，杯子用管道連通，那麼要不了多久，兩杯海水的鹽度就相同了。它們不會自發變得有序 —— 比如所有的鹽分都順著管道移到同一個杯子中 —— 熵不斷增加是自然界的重要規律。

可是生命體似乎有著完全不同的現象。

當嬰兒生活在子宮營造的「海水」中時，這種氯化鈉溶液就成了他的飲品，流入他的身體。儘管在他身體的任何一個部位都可以找到氯化鈉的蹤跡，但是濃度並不相同。特別是在細胞的內外，氯化鈉的濃度呈現天壤之別：細胞外的濃度要遠遠高於細胞內的濃度。事實上，正是這種巨大的濃度

差讓細胞具備了「活著」的功能，可以由此調節血壓，也可以傳遞神經訊息。

反之，如果生命體不再「活著」，也將遵循熵增定律，變得越來越混亂。細胞內外的氯化鈉不會井然有序，喪失原先的功能。

活著，還是死去，這是一個問題……

在人的一生中，「活著的意義」或許會成為思考最多的問題，很多偉大的哲學思想和文學作品也都因此而誕生。而在物理科學中，「活著」與「死去」之間，最為本質的區別便是熵。衰老乃至死亡，主要是從有序到無序的過程。活著是維持低熵，死去便是任由熵增。

令人好奇的是，生命體何以能夠對抗自然界的定律？

物質的自組織形式

準確說，人類，還有所有的生命體，至今為止都沒能違背「熵增」定律，我們所做的事情，無非是藉助於新陳代謝，選擇我們需要的食物，靠著食物中蘊含的能量，維持著低熵體系。這項工作我們可以得心應手，就像一條運河，我們可以投入能量維護它，不斷地疏濬，不斷地修堤，讓河流保持暢通，免於熵增帶來的衝擊。

即便如此，所有的努力也只是造成延緩的作用。所有人都會變老，不能永遠保持低熵狀態，從而實現「永生」。放眼整個地球上，能夠在一定程度上永保青春的物種，也只是像燈塔水母這樣的低等生物，然而牠們卻也因此犧牲了很多生物功能。

同樣的規律，我們還可以在更普遍的現象中發現。一口鐵鍋和一隻電鍋相比，鐵鍋的機械結構要簡單得多，在同等的質量水準和相同的使用強度下，鐵鍋會比電鍋更耐用。換

句話說，結構更複雜的電鍋，保持有序的狀態也更難。

因此，人類這般複雜的生命系統，藉助於醫療的方法修修補補，能夠擁有多達上百年的壽命，這毫無疑問是個奇蹟。然而在這奇蹟背後，物質自身的規律同樣發揮著重要作用。

儘管熵增定律似乎是一個放之宇宙皆準的規則，也就是物質世界會變得越來越無序，但是區域性變得越來越有序，倒也還是可能實現的。

想像一杯飽和食鹽水溶液，其中只含有水和氯化鈉。如果將杯子敞口放置在一隻更大的密閉容器中，容器和外界沒有任何物質或能量的交換，那麼容器內的世界會發生怎樣的變化？

容器中的餘溫會讓水分子保持運動，一部分表面的水分子便會掙脫束縛，成為水蒸氣，飄散到容器內的每個角落。水分子揮發的這個過程，會帶走一部分熱量。隨後，有些水分子接觸到容器的內壁，又會被內壁吸附並凝結成小水滴，同時釋放一部分熱量。當然，還有一些水分子會回到食鹽水的表面，重新成為溶液的一部分。

這個過程會緩慢地進行，杯中的水逐漸減少，直到達成動態平衡。在動態平衡之下，從杯中食鹽水錶面脫離的水分子，任何時間都與重回食鹽水表面的水分子數量保持相同。

相比於最初的狀態，杯中水減少，容器其他角落的水增加，整個體系變得愈加混亂，熵自然是上升的。

然而，由於飽和食鹽水溶液中水分子的減少，有一些氯化鈉也不得不從溶液中脫離，並形成食鹽晶體。在海邊的晒鹽場上，工人們也會利用相似的原理，將濃鹽水中的水蒸發，從而獲取粗鹽結晶。

在這個熵增的密閉容器中，如果我們只觀察氯化鈉，就會發現，最終形成的晶體比初始溶液狀態的氯化鈉更有序。換言之，它的熵下降了。

由此可見，即便沒有人力的干預，在一個熵不斷增加的大體系中，某些物質仍然能夠獨善其身，甚至有可能變得更加有序。

這種現象，源於物質的自組織能力，結晶就是一種普遍存在的自組織過程。

在生物體內，自組織更是一種不可或缺的過程，生老病死都與之相關，蛋白質更是自組織的代表。

當一個個胺基酸連線在一起，形成巨大的蛋白質分子時，一個重要的問題出現了。此時的蛋白質就像是一根麻繩，如果沒有任何約束，那麼它的熵就會增加，纏繞在一起，變成混亂不堪的繩結。

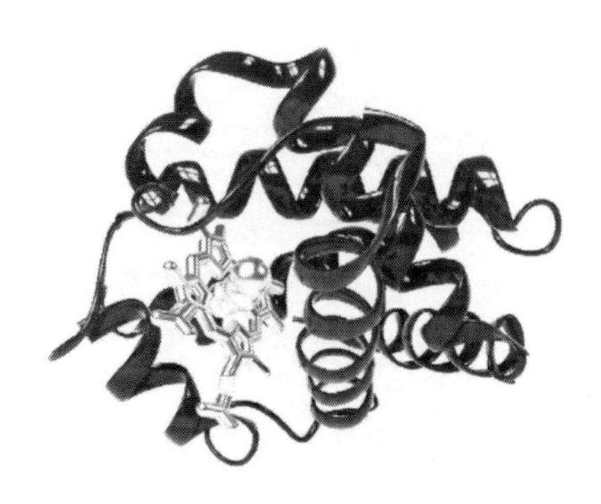

血紅素分子的模型

蛋白質是生命體實現各項功能的重要物質，肌肉、神經組織、免疫系統等等，全都依賴蛋白質分子進行工作。可想而知，胡亂攪成一團的蛋白質分子肯定不堪大用。因此，想要確保蛋白質能夠各司其職，就要讓特定功能的蛋白質，以相同的方式從長繩編織成繩結。比如人體血液中充斥的血紅素，主要功能是攜帶氧氣，只有確保每個血紅素的結構全都一樣，才能保證它們擁有相同的供氧能力。如若不然，就有可能引發嚴重的疾病。事實上，有一種疾病被稱為鐮刀型紅血球貧血症，即原本很像柿餅的紅血球扭曲成鐮刀狀，供氧能力顯著下降，其背後的原因，就是血紅素的結構發生了異化。

生命體中的蛋白質想要形成特定結構，依賴的就是蛋白質的自組織特性。不同於一般的分子，蛋白質的長鏈並不會完全自由地扭曲，而是在氫鍵的作用力之下，區域性自發形成一些特定的形態。它們有時會像彈簧那樣捲曲，有時又會像被子那樣摺疊起來，為了方便表述，研究者給它們取了諸如 α- 螺旋或 β- 摺疊之類的稱呼，這樣我們就很容易想像這些蛋白質大致的模樣。

不過，相比於共價鍵，氫鍵的力量仍然有限，僅僅依靠不能保證蛋白質每一次組織都能準確進行，更不能保證自組織的結構能夠穩定。對生命體而言，這是一種不可控的隱患，因為熵增定律的存在，任何不穩定的要素都可能會導致有序的結構變得混亂。如今，我們已經知曉，阿茲海默症的發病緣由，就是某些蛋白質在摺疊時發生了錯誤，變得有些無序。阿茲海默症俗稱老年痴呆症，年齡高低與發病率緊密相關，由此我們可以親眼見證，熵會隨著時間推移而增加。

通常情況下，胱胺酸會作為蛋白質結構中的奇兵，如同盆景藝術中的支架那樣，讓蛋白質的結構變得更加穩定。胱胺酸實際上是由兩個半胱胺酸構成，每個半胱胺酸中都含有一個被稱為「巰基」的結構，也就是一個硫原子與一個氫原子形成的基團。巰基就如同是半胱胺酸的手掌，在一定的條件下，兩個巰基可以緊緊地握在一起，讓蛋白質徹底定型。

蛋白質自發定型的過程就如同是自然捲的頭髮，生長出來便是特定形態的捲髮。事實上，動物的毛髮也是一種蛋白質，它們能夠按照特定規律捲曲，內在原因也正是蛋白質的

自組織現象。不少人因為愛美而燙髮，無論是從直髮燙成捲髮，還是從捲髮燙成直髮，在分子層面上看，都是對蛋白質的結構重新定型 —— 開啟由巰基構成的繩釦，再換一個方式重新繫上，毛髮的形態就發生了變化。

人體中有數萬種不同結構的蛋白質分子，每一種蛋白質各司其職，都要依賴它們的自組織能力。進一步說，蛋白質的自組織現象，也只是生命體中眾多自組織現象的縮影。骨骼的主體是羥磷灰石，但它還需要填入其他一些物質才能確保自身的強度與韌性，沒有強大的自組織能力，這種複雜的結構無法形成；植物的樹幹中布滿了微管，它們並行不悖地給樹葉輸送養分，這種有序的結構需要自組織能力；所有生命體都必須將自己的特徵遺傳給下一代，為了實現這一目標，需要的還是自組織能力。

正因為物質具備自組織特性，生命才能在熵增的趨勢中保持相對有序，人體這樣複雜而精密的結構，可以連續運轉上百年的時間。即便舊的生命體停下了腳步，也還會有新的生命體延續下來。

然而，在生命與生命之間遺傳，除了物質本身的功能外，還需要「訊息」的傳遞。

遺傳密碼

人體有 46 條染色體，它們兩兩配對，分布在紅血球以外的幾乎所有細胞之中。這 23 對染色體，就如同是一個人的生命檔案 —— 這個人如何成長，如何發育，在相當程度上都需要翻閱這座微型的檔案館，參考了其中的數據之後才能進行。

19 世紀末，科學家們已經能夠對細胞進行細緻的研究，透過一些方法區分出細胞內的不同組分。當他們使用一些染料對細胞進行染色時，發現有一些成分很容易被染上顏色，故而稱之為染色體。

進一步的研究發現，染色體似乎和細胞的繁殖存在直接關聯。以一般條件下的人體細胞為例，23 對染色體被精巧地布置在一片狹小的空間裡。這塊獨立的小空間被稱為細胞核，核外有一層薄膜，將染色體與其他物質分隔開來。不過，此時的染色體並不能被染色，人們也更習慣於稱它們為染色質。

7 活著的奇蹟 —— 賦予生命的物質

人的一生中，細胞的數量總是在不斷地增加。所有人的起點都只是一個受精卵，那不過是一個細胞而已，然而成年人的身體卻是由數十兆個細胞構成，只有細胞不斷地分裂，才能發展出如此龐大的細胞集合體。即便是已經停止發育的成年人，新陳代謝依然會產生一些新細胞，同時淘汰一些已經凋亡的細胞。

由一個細胞分裂出更多的細胞，並不只是簡單的數量變化，更重要的是，新生的細胞要和舊有的細胞之間保持一致性。換句話說，自然條件下，每個人都只能生長出屬於自己的細胞。因此，細胞通常需要進行複製的過程 —— 透過分裂得到的新細胞應與舊細胞看上去一模一樣。這個問題說起來容易，可細胞畢竟不是一張身分證，放到影印機下就能輕鬆製作出副本。對細胞而言，所謂的複製是要將細胞內所有的物質都妥當分配。事實上，細胞分裂的過程，有點像是封建時代的兩兄弟分家，家長需要公平地把各種財產一分為二。

細胞之中，唯一難以分配的「財產」便是細胞核，更確切地說，是細胞核內的染色質。為了避免「發生矛盾」，當細胞進入分裂的週期時，細胞核內就會預先進行複製，在很短的時間裡，23 對染色質搖身變成 46 對，每一對都可以找到和它完全相同的副本。

此時，染色質已經可以被染色，變成真正的染色體，並且透過它們特有的自組織方式，形成了粗壯的棒狀結構——這些變化都讓研究者更容易觀察到細胞內正在發生的事情。當細胞完成分裂後，新生成的兩個細胞，各自獲得了一套染色體副本，它們與原先細胞的染色體完全一致。

這並不是細胞增殖的唯一方式。當新的生命誕生之時，胚胎細胞如何出現，更加引人注意。

對人類來說，胚胎細胞由兩個細胞合併而成——一個是來自於母體的卵子，另一個則是來自於父體的精子，它們結合在一起，成為受精卵。

在受精卵的形成過程中，染色體的變化方式不同於常規。卵子和精子中都只有 23 條染色體，也就是正常細胞中的一半數量，每個染色體都只是原先一對中的其中一個。而當卵子和精子結合時，它們又將重新組成 23 對染色體。

正是這樣的分配方式，新生命的很多屬性都能夠確立下來，例如性別。在這 23 對染色體中，有一對染色體被稱為性染色體。不同於其他被常染色體的 22 對染色體，性染色體有 X 型和 Y 型兩種，體積差別很大。女性的兩條性染色體都是 X 型，而男性則分別是 X 型和 Y 型。因此，卵子中的性染色體必定是 X 型，精子卻有 X 型和 Y 型兩種型別。最終，與卵子結合的精子中所包含的性染色體型別，會決定新生兒的性別。

在觀察了染色體數十年後，科學家們越來越在意它們對於遺傳的重要性。美國實驗坯胎學家、遺傳學家湯瑪斯·亨特·摩爾根（Thomas Hunt Morgan，西元 1866 年～ 1945 年）透過對果蠅染色體的實驗遺傳研究，發現伴性遺傳規律，最終確定染色體就是遺傳訊息的載體，並因此獲得 1933 年的諾貝爾生理學或醫學獎。

在此之前，人們早就知道，染色體主要是由核酸和蛋白質兩大類物質組成。更進一步的研究證明，承載遺傳訊息的物質就是核酸。

我們已經知道，核酸是生物大分子的一類，由磷酸根連線而成的長鏈分子，每一個磷酸根都可以連線一個核苷酸分子。核苷酸分子中有兩個部分：一部分是醣分子，通常是核醣或去氧核醣；還有一部分是鹼基分子，也就是嘌呤或嘧啶分子。人體儲存遺傳訊息的核苷酸所含的是去氧核醣，最終形成的核酸分子，便被稱為去氧核醣核酸（DNA）。與之相對，以核醣作為構成單元的核酸分子被稱為核醣核酸（RNA），也有一些生命體以它作為遺傳訊息的載體。

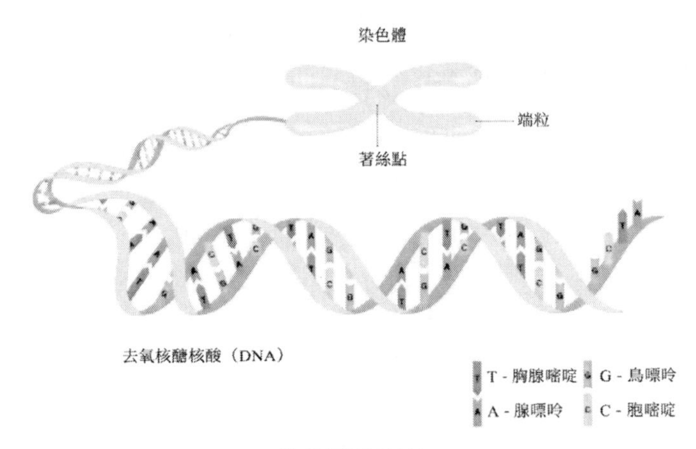

染色體與 DNA

蛋白質通常都是很大的分子，但是相比於 DNA，它們還是小得出奇。人體中的 46 條染色體，每一條都包含一對核酸分子。這些 DNA 分子的長度不一，其中最長的分子，其骨架竟然是由大約 2.5 億個磷酸根連線而成 —— 每一個磷酸根還都連線了一個帶有鹼基的核苷酸。

正是這些鹼基，成為生命體的遺傳密碼。

和絕大多數生命體一樣，人類的 DNA 分子含有四種鹼基，它們分別是胸腺嘧啶、胞嘧啶、腺嘌呤和鳥嘌呤，通常被簡寫為 A、T、C、G 這四個字母。每個人都有屬於自己的鹼基順序，不同的鹼基順著 DNA 分子排列，就構成了一段密碼，例如 ATAGCCA……這樣的密碼足有上億個字母，其中包含的訊息量也非常驚人。

並不是所有的密碼都有意義。實際上，只有少部分密碼可以被翻譯出來，這樣的密碼被稱為基因。基因包含的鹼基密碼數量並不固定，通常包含數千個鹼基。每三個鹼基，就可以被翻譯成一種胺基酸，這樣一來，一個基因就可以決定一段胺基酸的序列，讓它們連線成固定結構的蛋白質。人類的基因數量有兩萬多個，但是人體內蛋白質的種類卻遠超這個數字，它們到底是怎樣實現的，現在依然很令人好奇。

我們現在已經知道的是，為了儲存好這些基因，生命體做出了哪些努力。

1952 年，英國化學家和 DNA 研究先驅羅莎琳 · 愛爾西 · 富蘭克林（Rosalind Elsie Franklin，1920 年～ 1958 年）拍攝了一張著名的 DNA 的 X 射線衍射照片，她稱之為「51 號照片」，照片的主角正是 DNA 分子，呈十字狀排列的暗紋為 DNA 分子的螺旋狀結構提供第一個證據。第二年，兩位英國科學家詹姆斯 · 杜威 · 華生（James Dewey Watson，1928 年～）和弗朗西斯 · 哈利 · 康普頓 · 克里克（Francis Harry Compton Crick，1916 年～ 2004 年）對照片進行解讀，終於參透了 DNA 的奧祕，合作提出了 DNA 分子的雙螺旋結構模型，由此開闢了分子生物學的新時代。事實上，每條染色體中的一對 DNA 分子，是以雙螺旋結構結合在一起 —— 就像是扭曲的梯子一樣。在這個梯子中，兩條側邊分別是兩個

DNA 分子的磷酸根骨架，橫檔則是它們連線的核苷酸。核苷酸上的鹼基會因為氫鍵兩兩相吸，A 總是和 T 結合，而 G 總是和 C 結合。這樣一來，這兩個 DNA 分子就會完全互補，即便一個 DNA 分子完全消失，藉助於另一個 DNA 的密碼，也很容易將失去的那一個重新建構。有了這個機制，DNA 分子將遺傳訊息完好地儲存，很難出現錯誤，生命體也因此得以將自己的基因傳遞給下一代，繁衍生息。

遺傳物質能夠傳遞生命的訊息，這一點本身並不讓我們感到意外。我們可以把 DNA 想像成是一張紙條，上面密密麻麻地寫著 ATCG，生命透過自己的解碼系統，利用這張紙條施工，最後搭建出不同的生命形式，或許是人，又或許是一隻貓。但是，物質能夠在生命的層面上對訊息進行記錄和解析，似乎啟發了我們再次思考那個一開始就被提出的問題：物質是什麼？

於是，整個宇宙中的這些物質，就這樣搭建出我們已知最複雜也最精細的結構 —— 或許稱之為「系統」還要更合適一些。這些生命系統不停地運轉，給物質世界帶來了蓬勃生機，卻也帶來了新的危機。

然而，物質以及物質演化而成的生命形式，它們是否能夠「可持續」地存在下去，這是一個更值得思考的問題。

8 衝突與重生

——物質世界會終結嗎

誰殺死了恐龍？

暴龍在牠的「園子」裡徜徉，牠那十餘公尺的體型，配上尖銳的牙齒與厚實的皮膚，直叫周圍的生物畏而遠之，沒有誰敢打牠的主意。

地球誕生以後，包括火山、地震在內的各種地質事件層出不窮，陽光帶來的能量起動了風雲變幻的開關，月升月落悄悄地誘動海水引發潮汐，就連太陽系中流浪的小行星也不時地修理一下地球。斗轉星移，地球表面的惡劣環境總算有了改善，繁榮增長的生命又開始書寫著屬於自己的歷史。於是，地球的地質環境在這些力量的塑造之下，不斷地改換模樣，一起變化的還有地殼中的物質種類。

為了能夠更好地研究地球演化的過程，地質學家用一套特殊的紀年方式，為地球編制了「地質年代」。

這個「地質年代」是描述地球歷史的時間表，科學家根據其等級系列，確定所有地層的年代標準尺度。在這個紀年法中，地球經歷的45億年滄桑，被劃分成三個「宙」，分別是太古宙、元古宙和我們正在度過的顯生宙。顯生宙起始於大約5.7億年前，又被分為三個「代」：

古生代延續到大約2.5億年前，中生代接棒到6,500萬年前，新生代又把故事續寫至今。每一個代被劃分成不同的「紀」，每個紀又是由好幾個「世」構成。

溫暖的中生代，造就了生命繁衍的奇蹟，值得一提的是，在三疊紀出現了哺乳動物。無論是三疊紀、侏儸紀還是白堊紀，都是爬行動物的時代，都留下了很多大型動物的化石，尤其是屬於爬行動物的恐龍，在中生代尤其繁盛。

而在人類創作的文藝作品中，恐龍幾乎成了侏儸紀的生命代言人，霸王龍就是那個時代的霸主——然而，對恐龍家族的研究結果卻證明，霸王龍直到白堊紀才出現。這是披羽毛、長翅膀的恐龍或者說早期鳥類興起的時代。

在暴龍的統治之下，還有很多恐龍物種漫步在陸地上的每一個角落，牠們同樣是中生代不可或缺的成員：背挎長矛的棘龍挑戰霸主的地位，長有頭角的三角龍不甘淪為對手的食物，近十層樓高的梁龍伸長脖子傲視群雄，長有翅膀的翼龍正在訓練著滑翔技術。

然而，在一場災難過後，牠們全都消失了。所有的恩怨，也隨之灰飛煙滅，大概只有粗糙的飛行技術，成為鳥類

後來統治天空的法寶。

恐龍滅絕的原因，至今眾說紛紜，其中最流行的說法，是一顆直徑大約 10 公里的小行星撞擊了地球，由此引發了一連串災難性的後果，包括恐龍在內的很多生物都在此過程中滅絕了。

如今，我們還可以在地球上找到這顆小行星的遺骸，它們也成為現代人研究生命演化的重要依據。這並不奇怪，正如我們已經知道的，物質不會憑空消失，只會轉化成新的形式保留下來。因此，哪怕只是一顆小小的流星，也可以在地球上留下痕跡。這些流星通常會在進入地球大氣後，因為空氣的摩擦而劇烈升溫，最終發生解體或燃燒，最後只剩下細小的顆粒，飄散在空氣中，最後落到地面。稍大些的流星，或許還能以隕石的形式落在地面，有的隕石以岩石為主，有的隕石則以金屬鐵為主。在人類還未學會冶鐵技術以前，就是這些隕鐵，提供了當時最頂尖的金屬材料以供打造器物。

總之，大氣層對地球而言，就如同是一張巨大的防護網，它迫使各類隨意闖入的不速之客減低速度，甚至直接將它們「沒收」，避免它們對地球造成巨大的破壞。

但是，6,500 萬年前的這顆小行星實在是太大了，大氣層也無可奈何，只能任由它橫衝直撞。事實上，不只是空氣組成的大氣層，就連岩石組成的地殼，也沒能阻擋住這顆龐然大物——它落地的一瞬間，就足以覆蓋一座現代的大城市。而它的慣性又是如此巨大，順勢就砸入了地函之中，只在如今的墨西哥，留下一處直徑大約 180 公里的隕石坑，這也成為科學家們還原當時那場災難的依據。在地球上，還沒有哪次地震或火山會有這樣恐怖的威力，也就難怪它居然能夠終結這漫長的中生代。

對於恐龍生活的那個世界而言，並沒有什麼建築物會受到損失，但是生命繁衍所遭受的危機，卻真實地來臨了。

巨大的撞擊，迅速改變了地球的地質環境，地震和火山接踵而來，海面更是漾出了有如山高的巨浪。劇烈碰撞帶來的高溫，還引發了長久不滅的山火，整個地球都充滿了末日焚燒的氣息，灰燼夾雜著小行星撞擊時揚起的塵埃，隨風擴散到各個角落，又降落到了地面。

暴龍鍾愛的園子被毀了。

與西元 1815 年印尼那場史無前例的火山爆發相似，被塵霧籠罩的地球，已經不能接收到充足的陽光，大地陷入荒蕪的冬天，光合作用顯著減弱，大批植物因此不再生長繁殖，甚至就此滅絕。

對於那些食草的恐龍而言，植物不再生長，意味著食物開始短缺。牠們為了生存艱難跋涉，但是地球雖大，卻已沒有任何一處能夠給牠們提供水美草肥的棲息地。終於，最後一頭飢腸轆轆的食草恐龍也倒下了。

這對於暴龍這樣的食肉恐龍而言，如同是宣告了滅絕的倒數計時。靠著隨處可見的腐肉，牠們或許還能稱過一段時間。可是，新的獵物不會再出現了，牠們也支撐不了太久。

總之，恐龍時代結束了。

當我們總是反覆講述這段故事的時候，可曾想過，殺死恐龍的，真的就是那顆出乎意料的小行星嗎？

的確，它把地球砸出了一片讓人怵目驚心的傷疤，無數的生靈因它流離失所，其中有很多都走向末路，從此只能蜷縮在土塊岩石裡，歷經千萬年的變化，也許從此深埋海底，也許有幸重見天日，成為博物館中的「化石」。

恐龍的命運是悲慘的，所有恐龍家族都沒能倖免於難。但是，恐龍又是幸運的 —— 和恐龍一同滅絕的物種，都沒有像牠們這樣受到關注。

每當我們鄭重其事地仰望恐龍的骨骼化石，都會發出一陣驚嘆：牠們的體型，實在是太大了。

小行星沒有光臨的時候，碩大的恐龍是這個世界上最主要的食物鏈消費者，從微生物到植物，再到各種草食性動物，它們勤勤懇懇地創造出各種食物，最終都獻祭給那些凶猛的恐龍。顯然，這就是一個圍著恐龍組建起來的生物圈系統，物質在系統中流動，驅動生命繁衍不息。

而當災難來臨之時，這套系統漸漸失靈，恐龍賴以生存的園子也隨之土崩瓦解。

恐龍消耗了最多的資源，自然也就成為這場災難中最艱難的群體。由儉入奢易，由奢入儉難，這道理不只是在《紅樓夢》中賈府的「大觀園」裡成立，同樣也適用於恐龍生活的那個侏儸紀公園。

相反，發跡於中生代的哺乳動物，卻在這場災難中因禍得福。牠們體型和現在的老鼠差不多，弱小的身軀根本不是恐龍的對手。只不過，恐龍屬於爬行動物，體溫會隨著外界變化，夜間便休息了，體溫能夠保持恆定的哺乳動物就利用這個間隙尋找一點食物殘渣。

就是因為生存需求如此卑微，哺乳動物才堅強地挺過小行星撞擊後的黯淡冬日。進入新生代後，恐龍消失空出來的生態位，便由哺乳動物填補。如今，身為哺乳動物中的佼佼者，人類認為自己是這個星球的主人。

與其說，恐龍亡於那顆小行星，還不如說是倒在了自己的人體型上。

地球雖然是一顆直徑超過 1 萬公里的大行星，物質資源異常豐富，但它需要妥善地經營，無法供恐龍這樣的生物持續揮霍。相比於地球，10 公里的小行星就如同在我們腳邊爬行的螞蟻，但它卻足以擾亂整個地球的物質輸送系統，誠如一隻螞蟻也可以讓人感到疼痛一般。

然而，即便沒有這顆小行星，恐龍那粗放的生存方式，也不可能長期持續。地球表面的任何變化，都可能會讓牠們遭受滅頂之災。最終，牠們即便不落得黯然退場，大概也只能像鯨那樣回到生命最初發源的海洋中，那裡暫時還能給這些大體型的生命提供足夠多的物質。

但，這也只能說是暫時。

食物鏈的物質流動

北冥有魚，其名為鯤。鯤之大，不知其幾千里也。

在莊子的《逍遙遊》中，有一種縱橫數千里的大魚，生活在最遙遠的北方大海之中。鯤還會變化成一種叫做「鵬」的大鳥，揮舞著數千里寬的翅膀，朝著南方的天池飛翔。

當然，現實中不可能存在這樣的大魚。迄今為止，人類在海洋中找到的現存魚類中，最大的要數鯨鯊，牠的身長可以達到 10 多公尺。而在海洋之中，我們還能找到藍鯨這樣的哺乳生物，牠們的體長可以超過 30 公尺，體重更是可以達到 180 噸，相當於三節復興號列車的重量。實際上，在已知的研究結果中，藍鯨也是地球誕生至今存在過的最大生物體。

地球上是否還會演化出更大的生物體呢？這個問題，並不只會吸引莊子這樣的哲學家，同樣也讓科學家們百思不得其解。

可以肯定的是，如果還有這樣的生物，那牠一定不會出現在天空中，自然也就不會是「鯤」化作的「鵬」。

相對而言，地球表面的空氣還是太過稀薄，即便是在海平面附近，其密度也不足水的七百分之一，若是爬上高山，空氣就更稀薄了。正因為此，空氣不可能提供太大的浮力，生物體若是要天際遨遊，就需要耗費更多的力氣，舞動翅膀，這樣才能保持空中的姿態。

正因為此，如果鳥類的體型過大，例如鴕鳥和渡渡鳥，就只會在地面生活。即便是丹頂鶴這樣能夠飛起來的大鳥，通常也需要像跑道上的飛機一樣，在一陣助跑後才能離開地面。

不只是天空，陸地上也承載不起特別龐大的身軀。因為萬有引力的存在，任何動物都需要支撐起自己的重量。這對於昆蟲大小的動物來說，的確不算什麼，但是對於人類這般體型的動物而言，自重的影響就無法忽視了。正如我們已經知道的，堅硬的羥磷灰石組建了我們的骨架，讓我們能夠做出奔跑、跳躍這樣的動作。但是，當一個人過於高大或肥胖時，即便是這樣一副骨骼，也會變得似乎有些脆弱。

目前，陸地上最大的生物是象，牠們的體重可以超過 6 噸。相比於已經滅絕的恐龍，大象只是算是小個子，而最重的恐龍大約有 100 噸，這也是已知的陸地生物極限體重。

未來的地球上是否還會出現更大型的陸地生命？科學家們對此問題的答案並不看好。這不僅是因為龐大的身軀對於骨骼帶來的強大壓力，更是因為，恐龍的滅絕，實質上也宣告了大體型生物對抗風險的乏力。

尋找更大生物，在地球上就只剩海洋這樣的場景了。

海水可以提供更大的浮力，包括人類，都可以非常輕鬆地浮潛在海水之中，骨骼需要承受的壓力也更小。事實上，很多人在骨骼受傷後，也會透過水下行走來幫助恢復，正是藉助水的浮力，從而抵消了自重對骨骼的巨大壓力。反之，若是鯨擱淺了，自身的體重就有可能會導致骨折。

不過，海洋生命更容易演化出「大塊頭」，更重要的原因，還在於充足的食物供應，這是地球物質流動規律所決定的。

在陸地上，無論是大象還是恐龍，最大的動物都是以植物為生。對牠們而言，只要能夠找到自己喜歡吃的樹葉或青草，就可以安逸地度過一天又一天。植物將二氧化碳和水轉化為葡萄醣以及其他有機物，草食性動物都以此為生，食肉動物又以草食性動物為食。整個過程形成了食物鏈，物質就在這個食物鏈中發生了轉移。

食物鏈並不總是這樣簡單，還可以形成更多層級。一條經典的食物鏈發生在田野之間：白菜作為初始的生產者，利

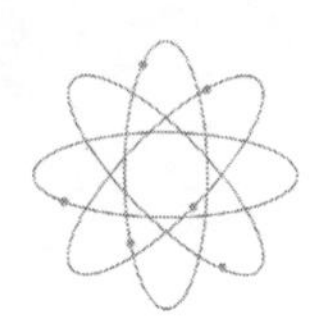

用光合作用製造出有機物；蚱蜢在田間跳動，找到適合自己的「自助餐」座位吃個飽；青蛙早就蹲守在低處，舞動的蚱蜢恰好給了牠捕食的機會；蛇是青蛙的天敵，牠沒有錯過美餐的時間；這一切都被夜間巡視的貓頭鷹看在眼裡，牠一個俯衝就將蛇叼了起來。

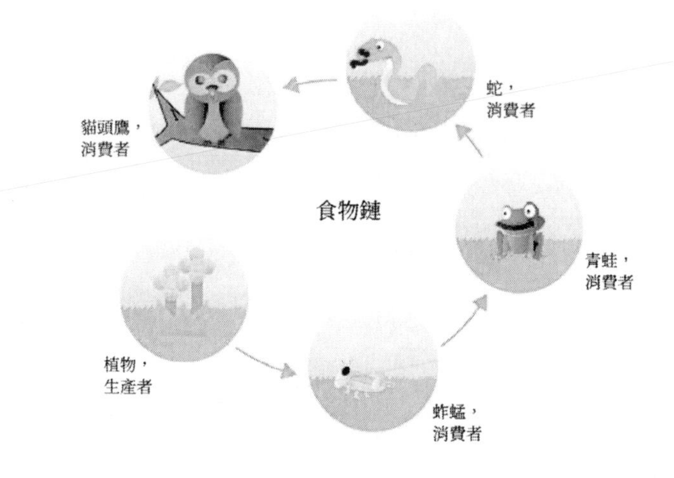

在這條食物鏈中，白菜、蚱蜢、青蛙、蛇、鷹，物質在牠們之間依次流動。蚱蜢可以消化白菜中的纖維素，轉化自己所需的各種有機物，特別是蛋白質，而青蛙、蛇和鷹都能夠消化其他動物的蛋白質。不過，物質的這種流動效率並不是很高，每一級食物鏈自下而上時，只有大約 1/10 的物質或能量會被利用。換言之，一隻蚱蜢吃下 10 片葉子，也只有一片葉子轉化為牠所需要的成分，其餘的物質，只是為了讓牠能夠完成吃葉子的動作。

於是，隨著食物鏈向上傳遞，物種所含的物質總量也會顯著減少。白菜遠比啃食它的蚱蜢更多，它也必須做到這一點才能夠繼續繁殖。同樣，食物鏈底端的動物往往會形成數量優勢，確保自己不會在生存競爭中滅絕。當蚱蜢形成蝗災時，一群蚱蜢就有數億隻之多，遠非青蛙的數量可比。至於這條食物鏈的最上層，鷹的數量就要少得多，難得讓人發現牠們的身影。

陸地生物想要擁有更大的體型，首要的前提，是食物必須十分充沛，這樣才能有足夠多的物質，轉化為這些動物身體的一部分。能夠滿足這樣要求的食物，就只有遍地生長的野草了。所以，我們也就不難理解，為什麼只有草食性動物才能生長出更大的體型了 —— 牠們的食物更充沛，牠們在食物鏈所處的位置更低，可以被牠們利用的物質自然也就更多。

和陸地相比，海洋真是個大寶庫。正所謂「海納百川」，很多化學元素在地球上的循環，都是以大海為最終的歸宿，特別是氯和鈉，它們從岩石溶解到雨水中，順著江河入海，讓海水變得越來越鹹。而像碳、氮、磷這樣一些生命中的主要元素，同樣也參與了這樣的循環，融入海洋。

正因為此，世界上幾乎每一條大河的入海口，都會成為海洋生物的宴會場。

不只是擁有更多的物質，海洋相對簡單的環境，也讓大型動物更有機會像饕餮那樣不停地進食。就像藍鯨，牠只需要張開大嘴、濾食海水，海水中的巨量磷蝦，就被牠吞入腹內。有了如此充沛的食物來源和高效的進食方式，才成就了藍鯨這樣的深海巨獸。

相比於抹香鯨、虎鯨這樣的齒鯨，僅以小型動物為食的藍鯨，在食物鏈上的位置還是要更低一些。這也說明，牠獲取海洋物質的效率也要更高。

長期以來，人類一直都在海洋中尋找比藍鯨更大的生物，但都是無功而返。藉助於各種深海探測器，我們有機會到神祕的海底一探究竟，去尋找最終的答案。但是從物質流動的角度而言，我們無法想像，在海洋某個無人所知的角落，會存在一種「鯤」，牠可以幾乎無限地獲取自身發育所需的物質，生長出令人驚嘆的體型。

如果有，那可能就是我們人類自己。

被浪費的物質

在生物界中，人是一種大型動物，體型超過人類的生命，除了各種樹木以外，能夠叫出名字的現存動物寥寥可數。

在生命物質的大循環中，植物通常是生產者，而動物則是消費者。人類也是如此，我們需要吸入植物產出的氧氣，消化它們合成的澱粉。當然，人類並不只以植物為食，相比之下，對肉食的興趣還要更濃厚一些。到了現在，我們似乎已經走到了食物鏈頂端。

正如我們已知的，在食物鏈處於較高地位的動物，體型越大，自然也就需要更多的物質來支撐牠。要緊的是，地球上活著的人類數量如今已經超過 80 億，這個數字遠遠超過其他大型動物。以人類的近親黑猩猩為例，牠的體型和人類差不多，但牠們的數量卻只有幾十萬隻而已。

所以，僅僅是為了像其他動物那樣在地球上生存繁衍，人類就會消耗最多的資源，產出最多的廢物。

不僅如此，人類在進入工業社會以後，對物質生活的追求也越來越高，對物質的利用效率卻在不斷降低 —— 我們正在浪費越來越多的資源。

人類的祖先經歷過茹毛飲血的年代，那時他們吃白菜的方式，和蚱蜢並沒有太大的差別。在這個時期，白菜生產的有機物，可以被人類有效利用。

後來，火被人類掌握，我們的祖先又學會了烹飪。對食物進行加熱，可以讓其中的一些成分發生轉化，特別是難以水解的蛋白質。如此一來，食物在被消化之後，會有更多的物質轉化為身體所需。因此，有了火以後，物質從食物轉化到人體內的效率，又上升了一個臺階。

然而，這樣的效率提升並沒有延續下去。

當李比希解開了植物生長的元素之謎後，肥料成了植物培育必不可少的一類物質，特別是最緊俏的 N、P、K 肥料。

人類在找尋 NPK 肥料時發現，氮、磷、鉀這三種元素，植物雖然都很容易缺乏，但是缺乏的原因卻各不相同。

氮是空氣中最豐富的元素，只是氮氣的化學性質太穩定了，除了豆類以外的絕大部分植物，都無法利用空氣中的氮氣。因此，只要開發出一種辦法，把氮氣轉化為其他含有氮元素的物質，就可以源源不斷地生產出氮肥。這項研究後來由李比希的同胞佛里茲．哈伯（Fritz Haber）解決了，他提出的合成氨工藝，可以讓氮氣和氫氣發生反應，轉化為氨氣，而氨氣就可以被加工成各類氮肥，能夠被植物快速利用。

相比之下，鉀元素倒是很容易被植物吸收，而且它也很常見 —— 在地殼中，鉀的豐度可以排到第七位，略低於海水中的「霸主」鈉元素。然而，鉀元素在地球上的分布並不均勻，有些地區過於豐富，有些地區卻又過於寒酸。更重要的是，那些鉀含量豐富的地區，常會因為氣候因素不適合耕種，例如中國的羅布泊地區，就因為氣候乾旱成了荒漠戈壁。所以，開發鉀肥的辦法，就是給它們搬家，從羅布泊這樣的地方送到農田。如今，曾經荒無人煙的羅布泊已經建立起雄偉的鉀肥生產工廠。

最讓人們難以釋懷的元素是磷。在地球上，磷元素的含量算不得太多，而且分布也極不均勻。實際上，大多數生物在自然條件下生長時，都會面臨缺磷的窘境。植物如此，動物如此，就連海水中微末的浮游生物也是如此。

在太平洋上，有一個名叫諾魯的國家，是世界上面積最小的島國，比澳門還小。

別看諾魯的地盤不大，卻擁有異常豐富的資源。它剛好位於很多候鳥遷徙的路線上。茫茫無際的太平洋上，這座袖珍島嶼成了這些鳥歇腳的中轉站，在這裡進行補給後，再趕往下一個目標。

因為這個島實在太小，以至於鳥類在此處棲息時，只能非常擁擠地聚在一起。如此一來，這麼多鳥排洩的糞便，也在島上集聚起來。日復一日，年復一年，巨量的鳥糞就堆得如山一般，成為島上岩石的組成部分了。誰曾想，這些鳥糞，居然是一種寶藏肥料。

當諾魯的鳥糞化石被發現後，人們驚人地發現，它們其實已經轉化成優質的磷酸鹽，可以稱得上是天然的磷肥。

就這樣，圍繞著這些鳥糞，德國、英國、日本、澳洲數次爭奪對諾魯的控制權，這樣就能搶占這些磷肥資源。直到 1968 年，在聯合國的支持下，諾魯才獲得自由，成為主權獨立的國家。

可是，在近一百年的磷肥開採權的爭奪中，諾魯的磷資源早已被開採殆盡。諾魯人在經歷了開採磷肥帶來的短暫鉅富後，很快陷入貧窮，如今更是成為犯罪分子的天堂。

問題是，那些被開採出來的磷元素都去哪了呢？

這是一個令我們感到恐慌的故事。

人類在施用肥料的時候，只有極少部分會被植物利用。特別是磷肥，因為不當濫用和吸收效率的局限，超過 95%的磷元素都不能轉化為植物的一部分。

換言之，如果一塊鳥糞中含有 1,000 個磷原子，我們經過開採，大約會有 800 個磷原子能夠被作為磷肥使用 —— 這樣的採集效率已經不低了。這些磷肥被運到白菜地後，只有不到 40 個磷原子會被白菜吸收，而當這些白菜成為人類的食物時，我們只利用了其中大約 4 個磷原子。如果我們沒有直接吃白菜，而是把白菜給豬吃了，等我們再吃豬肉時，那麼能夠被我們利用的磷原子甚至還不足 1 個。

那些被浪費的磷原子，就會在江河的作用下，被排放到海水中。此時，早就飢渴難耐的浮游生物終於盼來了牠們日思夜想的磷元素，報復性地開始繁殖，甚至能夠在海邊引發一場赤潮。那赤紅的潮水，似是混入了鮮血，讓人不寒而慄。

事實上，赤潮對很多生命而言都是死亡的徵兆，海水中溶解的氧氣會在短時間內被消耗殆盡，大量魚類、蝦蟹、貝類、爬行動物乃至哺乳動物都會因為缺氧而喪命，造成一場生態災難。

一陣喧囂之後，逝去的生命體裡挾著大量的磷元素沉入海底。

現在，你應該知道，為什麼儘管海納百川，海洋對巨型生物而言，也不過只是暫時安全的棲息地了吧？

天地間，人為貴

最近半個世紀來，人類已經逐漸意識到，如果按照目前這樣粗放的物質利用方式，我們怕是也要重蹈恐龍的覆轍 —— 我們已經成為地球物質流動過程中最顯著的環節之一，遠甚於侏儸紀時代的恐龍，以至於很多科學家都認為，按照地質年代劃分，現在應當屬於顯生宙新生代第四紀人類世，人類活動已經讓地球表面發生了巨大變化，或許不亞於6,500 萬年前那場小行星撞擊地球的事件。

為了爭奪資源，人類曾經爆發過無數次爭端：有一些是和其他物種競爭，劍齒虎和猛獁像這些生物再一次因為體型過大而永遠消失；更多的衝突來自人類內部，智人這個物種融合了尼安德塔人，又在一次次「內戰」中衰退、重生。

實際上，世界人口並非是一路逐步增長到現在的數十億，而是總在曲折發展，有時候甚至還走到過滅絕邊緣。距離我們最近的一次危機發生在大約 11 萬年前，地表溫度驟降，步入「大冰河時期」，直至大約 1.2 萬年前才結束。

在一片白茫茫的冰凍星球上，任何物質都變得極為珍貴。這場變故，正是劍齒虎和猛獁象滅絕的直接原因，但是人類並沒有因此獲得足夠多的戰利品，最艱難的時候，整個地球上也只剩寥寥數萬人。

即便是在大冰河時期結束後，也還是會時不時地進入小冰河時期，平均氣溫比正常情況下低了一兩度。這樣的溫度變化看似不大，卻會讓糧食作物嚴重減產。歷史學家在對明朝進行研究時，猜測明朝末期中國人口驟減，除了戰亂的原因外，恐怕主要還得歸結為當時正處於小冰河時期。

如今，世界人口如此龐大，而我們對資源的消耗與浪費又是如此嚴重，一旦地球表面的物質流動過程出現差池，必然就會帶來更為嚴重的衝突 —— 又有誰知道，在這樣的衝突之後，是否還有重生的機會呢？

所以，人類開始學會自救，也必須要開始自救。

像磷元素這樣的物質，並不只是諾魯的鳥糞出現了枯竭，全世界的磷礦都已告急。人們之所以恐慌，是因為按照生命的規律，磷元素不可或缺也無可替代，但是對於那些沉入海底的磷元素，我們卻又只能望洋興嘆。

於是，新的肥料技術正在發展，以便植物能夠更高效地吸收這些磷元素。更重要的是，透過環境治理，可以讓磷元

素的流失變得更慢一些。

還有一些方法，是從我們的廢棄物中回收磷元素，其中也包括人類的排洩物 —— 某種程度上說，這也是鳥糞帶給人類的啟發。

如今，地球上探明的磷資源還夠人類使用大約 50 年，但是，只要我們提高效率，就可以讓這個時間顯著延長 —— 如果 1,000 個磷原子中，我們能夠利用的部分從 4 個提升到 40 個，那就意味著，留給我們的時間還有 500 年。

但是，還有很多物質，它對我們的意義並不只是簡單的資源。

1973 年，第一次石油危機爆發，人們突然發現，原來石油也面臨枯竭的風險。實際上，石油是深埋於地下數百萬年乃至上億年的生物化石，它們曾經可能是藻類、細菌，也不排除會是一些動物，其中也包括恐龍。這些生物體中富含的脂肪類物質，會因為深埋於地下難見天日，最終轉化為以碳和氫兩種元素為主的有機物，這便是石油。

所以，如果我們持續不斷地開採石油，那麼總有一天，石油會被我們消耗乾淨。因此，當學術界揭開這個奧祕後，人們立刻意識到問題的嚴重性。在現代工業體系下，石油可以用來生產衣服面料、汽車輪胎和各種塑膠，更是交通工具中的主要燃料。沒有了石油，生活會變得難以想像。幾十年過去了，石油依然是人類社會中的策略資源，但人們也驚訝地發現，總是會有新的油田會被發現，石油似乎源源不斷。另一方面，關於石油的成因，也出現了更多的理論依據，似乎並不總是需要花上數百萬年才能形成。如此看來，石油枯竭的風險，還不足以形成真正意義的「石油危機」。

然而，另一個幽靈卻在撬動著人類敏感的神經。

當我們盡情燃燒了上百年的石油與煤炭後，地球卻在悄然發生著變化。2022 年，大氣層中二氧化碳的平均濃度將會突破 0.42‰，相當於空氣中每 100 萬個分子中，就有 420 個是二氧化碳分子。這個數字，大約是工業革命發生前的 1.5 倍。事實上，僅僅是在 7 年前的 2015 年，這個數字也才剛剛突破了 400 而已。

毫無疑問，我們正在加速向空氣排放二氧化碳，這已經遠遠超出植物透過光合作用所能吸收的程度。

二氧化碳是一種溫室氣體，它讓地球更容易吸收陽光中的能量。因此，越來越多的二氧化碳，就好比是把地球裹成了蔬菜大棚，地球表面的溫度會因此顯著增加。

當地球表面的溫度突然下降時，小冰河時期會讓糧食減產。但是，當地球溫度突然上升時，由此帶來的全球氣候變暖也會造成同樣的結果。比這更令人擔憂的是，更溫暖的空氣會讓氣候變得更加極端，冰川融化更是會導致海平面上升。到那時，諾魯面臨的問題已不再是消失的鳥糞，而是整個島嶼都可能會消失。

而這一切，都源於我們對資源的過度消耗。

追求更好的生活，並不能被稱為貪婪。但是人類對於物質世界的影響，卻又往往充滿了無知者無畏的情懷，以至於一點蠅頭小利就可以讓不同的族群世代為仇。石油危機引發的動亂可以說明這一點，這遠比「貪婪」的後果更嚴重。

面對全球變暖的窘境，人類正在放下成見，無論是哪個國家還是哪個民族，都決定坐下來，重新了解物質科學的規律，一同探討未來的出路。

聯合國氣候變遷委員會呼籲，希望在 2030 年減少碳排放量至少 43%，並希望能在 2050 年實現「淨零碳排」。如果要在 2050 年前實現淨零，2030 年全球必須有超過 60% 電力來自再生能源。

太陽能的發展；新能源汽車的研發；風電場張開葉片呼吸海風……藉助於這些科學技術，我們改變了人類對於資源慣有的使用方式。在獲取有用資源的同時，減少甚至避免向環境排放廢物，讓地球的物質循環依然保持著平衡。

「人猿相揖別，只幾個石頭磨過，小兒時節。」在天地之間，人是最特殊的生物，智慧的大腦讓我們能夠了解物質，同時審視自己。也正因為此，我們需要承擔更多的責任，善待物質世界。

不再浪費，不再無知，這是我們與物質之間的全新關係，也是人類免於恐龍命運的唯一選擇。

也只有這樣，我們才能再一次發自內心地思考那個古老的問題：物質是什麼？

9 物質是什麼

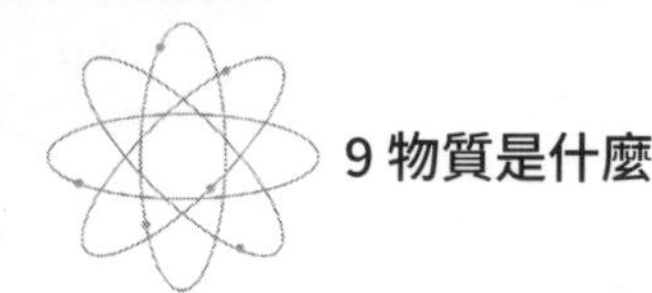

9 物質是什麼

回到我們物質世界的起點，閉上眼睛想一想：物質是什麼？

當我問起這句話的時候，就已經傳遞了一段訊息，你感受到這段訊息，並順著我所提的問題，開始思考它。

我們之間的交流，本質是意識層面的 —— 你需要理解我所說的文字。這一點，和訊息所在的載體並無關係。換句話說，不管你現在是從紙張還是電子裝置的螢幕上看到這段話，首先都需要在意識中理解它，所以它和你的意識相關。相反，一個外星人，如果完全沒有接觸過地球上的文字，即便獲取了同樣的紙張或是螢幕，他也無從解讀。事實上，人類早就遭遇過同樣的困惑，我們至今還無法完整破譯古埃及文字或甲骨文，以至於我們無法準確地知曉數千年前發生過的那些事。甚至只是一百多年前的歷史，也留給我們很多空白，也許再也沒有機會揭祕。

另外一方面，我們總是會問起：恐龍是怎樣滅絕的？這個話題經久不衰，於是藝術家們藉著於小說、電影之類的各種形式發揮想像，科學家們也不甘落後，找出 6,500 萬年前小行星撞擊地球的證據。我們並不懷疑，正是這場災難，讓恐龍走向滅亡，還好鳥類作為牠們的後裔倖存至今。不止如此，還有數億年前出現的生命形式，46 億年前的太陽系，還有 138 億年前的宇宙，都是我們好奇的對象。

因為訊息的缺失，我們很難和自己的祖先交流。但我們又如何跨過上億年的層層阻隔，去和那些恐龍乃至非生命的天體或粒子交流？這實在是一件令人匪夷所思的事情。

我們總是希望更詳細地弄清楚離自己更近的那些事，所以對於千百年來的這些記憶，我們總會覺得歷史記載得太過簡單，不足以解答所有疑問。至於那些比恐龍更遙遠的故事，我們只想問個是非，根本不在意它們的編年史。

但這並非是本質緣由，我們的身體中就蘊藏著某些答案。

在傳統的遺傳學理論中，父母遺傳給孩子的 DNA，就決定了這個孩子未來的各種特質。然而，更進一步的研究卻發現，事情遠不是這麼簡單。

舉個例子，當父母備孕之時，剛好遇上了饑荒。在這種條件下生育出來的孩子，成年之後會比那些和饑荒無緣的孩子更容易發胖。

研究人員猜測，父母將自己對饑荒的記憶以某種形式遺傳給了孩子，儘管 DNA 中記錄的遺傳密碼並沒有什麼差別，但是孩子卻繼承了這種對於飢餓的恐懼，對食物有著更高的熱情，也更容易變胖。

也就是說，對於外界環境的反應，或許會以某種形式刻在我們的基因之中，並沒有經歷饑荒的孩子卻在內心深處存在著對饑荒的記憶。如今，對這種可能性的思考，已經被納入到正在發展的「表觀遺傳學」之中。

更進一步說，我們是否也擁有更久遠的記憶，只是並不知道它們以何種形式左右著我們的意識？

這當然也是有可能的。

很多人都有過這樣的體會：一個從未到達過的地方，或者一個從未經歷過的場景，當自己第一次身臨其境之時，卻感覺曾經來過，或是感覺曾經夢到過這一切。很遺憾，今天的科學界對此並無準確的解釋。但我們幾乎可以肯定，這不會是通靈，也不太可能會是時空穿越，而是有著屬於這種現象的物質基礎。

當我們把目光拉到更長的時間軸上，還可以察覺更清晰的脈絡：身為無尾生物的人類，卻有極少數個體會出現返祖現象，彷彿數百萬年前的祖先那樣長出尾巴 —— 然而他們並沒有攜帶尾巴生長所需的基因，至今我們還不知道這種遠古記憶從何而來；

病毒被認為是地球上最原始的生命形態，也遍布整個地球，不管人類是否願意，都不得不與它們結識，有時還會產生激烈的衝突 —— 然而在人類的 DNA 中，存在著很多原本屬於病毒的密碼片段；水是地球生命誕生的關鍵要素，單細胞生命經過數十億年的演化成就了人類，而在人體中，占比最多的物質還是水，我們的祖先逐水而居 —— 我們和水的親密關係，是否早在單細胞生命的階段就已經奠定？

建構我們的各種分子，可以追溯到地球早期的地質運動。

建構我們的各種元素，可以追溯到太陽系的形成之日。

建構我們的所有物質，可以追溯到宇宙的誕生之時。

我們當然不會相信，宇宙中的那些簡單粒子具備和人類一樣的意識，但是在人體之中，它們的確又是我們人類意識的載體 —— 這樣看起來有些矛盾的陳述，才真正揭開了物質世界的真諦。

從最基本的粒子，到只有一個質子和一個電子的氫原子，到一百多種不同的元素，到水和二氧化碳這樣的小分子，再到蛋白質與核酸這樣的複雜分子，物質經過漫長的發展，最終形成了生命物質，又從原始生命一路演化成人類。可以說，人類走到今天，就是一部物質的演化史，我們的身體早就打上了物質演化的烙印。這些烙印，並不會因為時間久遠而消散。因此，我們不只是會對祖先創造的文明感興趣，還會花費精力去探索物質的起源 —— 那也是我們自己的起源。

物質，就是我們自己。

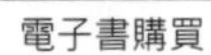

電子書購買

爽讀 APP

國家圖書館出版品預行編目資料

物質科學解密，塑造宇宙生命的秩序：星際分子 × 低熵系統 × 原子結構 × 生物遺傳，人類想知道的所有關於「萬物本質」的疑問，物質科學來一一解釋！ / 孫亞飛 著 . -- 第一版 . -- 臺北市：崧燁文化事業有限公司 , 2024.05

面；　公分

POD 版

ISBN 978-626-394-294-3(平裝)

1.CST: 物質 2.CST: 物理科學

333　　　113006534

物質科學解密，塑造宇宙生命的秩序：星際分子 × 低熵系統 × 原子結構 × 生物遺傳，人類想知道的所有關於「萬物本質」的疑問，物質科學來一一解釋！

臉書

作　　者：孫亞飛

發 行 人：黃振庭

出 版 者：崧燁文化事業有限公司

發 行 者：崧燁文化事業有限公司

E-mail：sonbookservice@gmail.com

粉 絲 頁：https://www.facebook.com/sonbookss/

網　　址：https://sonbook.net/

地　　址：台北市中正區重慶南路一段 61 號 8 樓

8F., No.61, Sec. 1, Chongqing S. Rd., Zhongzheng Dist., Taipei City 100, Taiwan

電　　話：(02) 2370-3310　　　傳　　真：(02) 2388-1990

印　　刷：京峯數位服務有限公司

律師顧問：廣華律師事務所 張珮琦律師

定　　價：320 元

發行日期：2024 年 05 月第一版

◎本書以 POD 印製

Design Assets from Freepik.com